Laurent Pinon

Livres de Zoologie de la Renaissance

une anthologie (1450 -1700)

Corpus iconographique de l'histoire du livre

Nombreux sont ceux qui ont permis l'aboutissement de ce travail ; qu'ils en soient ici tous remerciés. Nous songeons non seulement aux conservateurs qui nous ont facilité l'accès aux livres, mais encore à Mme Annie Charon, à MM. Guy Beaujouan, Jean Céard, Didier Kahn et Henri-Jean Martin pour leurs judicieuses indications et suggestions. Merci encore à Jean-Marc Chatelain, à Tapa Sambal, à Kim Lien.

Cet ouvrage a été réalisé avec le concours
du Ministère de l'Education Nationale, de l'Enseignement Supérieur, de la Recherche et de l'Insertion sociale,
de la Direction de l'information scientifique et technique et des Bibliothèques,
de l'Ecole Nationale des Chartes,
de la Bibliothèque de la Sorbonne,
de la Bibliothèque du Muséum d'Histoire Naturelle.

Couverture : La licorne
M. Herr, *Livre des quadrupèdes* (Strasbourg, 1546)
(cliché BNU Strasbourg)

Klincksieck, 1995
ISBN 2-252-03041-0

Préface

« Que nuit savoir toujours et toujours apprendre, fût-ce d'un sot, d'un pot, d'une guedoufle, d'une mouffle, d'une pantoufle ? » Ainsi parle Pantagruel au *Tiers Livre* de Rabelais. Cette célébration du savoir est nouvelle en ce que la Renaissance se refuse à se hâter de lui assigner des limites. S'il est vrai que les époques antérieures avaient stigmatisé, sous le nom de curiosité, un appétit de connaître qui néglige l'essentiel, c'est-à-dire le bien de l'âme, il était un jour arrivé au grand saint Augustin lui-même de réhabiliter la curiosité en des termes magnifiques : « Qu'est-ce que la curiosité, écrivait-il, sinon la joie qui naît de la connaissance des choses ? » Ces mots pourraient être la définition de la curiosité de la Renaissance.

La zoologie allait bénéficier de ce nouvel esprit. Ce ne fut pas cependant sans avoir à vaincre des résistances propres. On les mesurera sans peine en entendant Pétrarque railler le « naturaliste » : « Le voilà qui sait maintenant bien des choses sur les animaux, les oiseaux et les poissons ; il sait combien de poils le lion porte au sommet du crâne, combien de plumes le faucon a à la queue et avec combien d'anneaux le serpent de mer enlace le naufragé ! » Peu importe ce savoir, pense l'humaniste, qui conseille d'imiter Socrate et, comme lui, de négliger ces connaissances qui ne nous regardent pas pour songer à mieux conduire nos maisons et nos cités. Répliquera-t-on que la connaissance des animaux peut y concourir ? Cette riposte, qui semble d'abord devoir servir la zoologie, ne lui était guère plus favorable. Astreinte à être « utile », la zoologie se voyait orientée par des préoccupations domestiques, culinaires ou médicales, qui ne pouvaient que limiter son essor.

Si elle a pu prendre son élan, il faut une fois encore y voir l'effet de ce retour aux anciens que l'on nomme l'humanisme. Peut-on faire moins qu'Aristote ou Pline qui n'ont pas dédaigné la connaissance du monde sensible ? Négligeons donc, estime Pierre Belon, les objections de ceux qui demandent « quelle récompense a eue Alexandre de tant d'argent qu'il a fait délivrer comptant à Aristote et à Théophraste, qui l'ont dépensé au pourchas des animaux et des plantes, et quel profit a reçu Aristote de savoir que l'oiseau nommé en grec *Ægocephalus* et en latin *Capriceps* est sans rate et a le fiel attaché partie à l'estomac, partie au foie ». Ce langage (en même temps qu'il sollicite habilement la générosité des mécènes) revient à réhabiliter une connaissance parfaitement désintéressée du monde sensible. Si celle-ci a encore besoin d'une justification, nos humanistes n'auront pas de peine à la trouver dans leur christianisme : c'est louer Dieu que d'apprendre à connaître ses créatures, aiment-ils à faire remarquer. Même ce qu'ils appellent les « insectes » bénéficie de ce nouveau regard. Gesner se plaît à rappeler le mot d'Héraclite surpris par des visiteurs dans sa cuisine : « Entrez, leur dit-il, il y a aussi des dieux dans la cuisine ». Semblable à un peintre qui montre supérieurement son habileté dans la réalisation de minuscules objets, Dieu a imprimé les marques de sa sagesse créatrice aussi dans ces minuscules créatures, qui, autrement, ne nous servent de rien. Il est vrai que certains, qui pourtant approuvent et imitent cette curiosité, n'en comprennent pas toujours les exigences. Avides d'admirer, ils s'impatientent d'avoir à chercher à comprendre : Thevet, qui estime que « Dieu aime les voyageurs », qui vante volontiers les merveilles du Nouveau Monde, profite de la description d'un étrange poisson pour égratigner les ichthyologues de son temps, invités à s'intéresser plutôt à de tels animaux qu'à « nous représenter en leurs livres la figure d'un brochet, d'un saumon, d'une carpe, d'une anguille, ou d'une écrevisse, choses communes aux petits enfants de par ici ! » On voit quels efforts les naturalistes avaient à fournir pour justifier un discours autonome sur les animaux.

Le fruit de tels efforts, Laurent Pinon permet ici au lecteur de le goûter en réunissant, en commentant et en illustrant de précises et discrètes descriptions d'une cinquantaine d'ouvrages zoologiques de la Renaissance et du XVIIe siècle. Ancien élève de la section des sciences de l'Ecole Normale Supérieure, il est à même de mesurer la valeur scientifique des œuvres de ses lointains prédécesseurs. Formé à la méthode historique, il ne perd pas son temps à entourer de guillemets le mot de science et s'efforce plutôt de faire apprécier la fécondité de leur travail et de montrer comment, par des voies pourtant très diverses et parfois apparemment contraires, ils constituent un savoir cohérent promis à un long avenir. Au passage, il récuse ce poncif positiviste qui consiste à opposer l'érudition et l'observation : avoir un livre à la main n'empêche pas de voir, mais même éveille et guide le regard. Il ne s'attarde pas non plus à excuser ses auteurs de leurs « naïvetés » et ne fait pas de la science d'aujourd'hui la norme de la science d'hier ou d'avant-hier.

Ce livre est aussi une contribution à l'histoire du livre. Au lieu de n'apprécier les illustrations des livres décrits qu'en fonction de leurs qualités artistiques et de leur exactitude, il tâche de s'interroger sur la relation du texte et de l'image telle qu'elle a dû apparaître aux lecteurs. De ce point de vue, il prend en compte toutes les caractéristiques de l'objet-livre, en soulignant les conditions nouvelles de lecture liées au développement de l'imprimerie et de la gravure. Si l'on ne sait pas toujours précisément comment les lecteurs lisaient, du moins cette approche permet-elle de définir le « contrat de lecture » qu'auteurs et imprimeurs entendaient passer avec leurs lecteurs, et la fonction (ou plutôt les fonctions) qu'ils assignaient à l'illustration. La disposition relative du texte et de l'illustration, celle des légendes, l'organisation des index et des tables sont autant d'indices éloquents. L'intérêt bien entendu des imprimeurs pouvait, d'autre part, les conduire à proposer au public des ouvrages qu'ils estimaient capables de satisfaire son attente : on les voit isoler et rassembler les figures des ouvrages de zoologie qu'ils ont publiés, preuve que les lecteurs ne boudaient pas ces sortes d'albums. Ainsi l'histoire du livre fournit de précieuses informations sur la diversité du public ; même si elle ne permet que de l'entrevoir, du moins prouve-t-elle que la science n'est pas seulement faite pour les savants: les propos de certains zoologistes soucieux de justifier leur entreprise, qui nous paraissent d'abord déplacés dans des ouvrages scientifiques, prennent sens à la lumière de ces considérations.

L'histoire du livre, c'est aussi l'histoire de la circulation des livres. Il est précieux d'apprendre que l'examen des fonds anciens des bibliothèques européennes fait apparaître une diffusion des ouvrages de zoologie qui ignore largement les frontières. En choisissant de s'intéresser aux exemplaires conservés dans les bibliothèques relevant du ministère de l'Education nationale et en constatant que la plupart des ouvrages qui comptent y sont représentés, ce livre contribue utilement à l'histoire de la culture universitaire.

Tels sont quelques-uns des enseignements d'un ouvrage qui prend place dans le corpus iconographique de l'histoire du livre dont l'heureuse initiative revient à Henri-Jean Martin, directeur d'études honoraire à l'Ecole Pratique des Hautes Etudes et professeur honoraire à l'Ecole des Chartes, ainsi qu'à Claude Jolly, directeur honoraire de la bibliothèque de la Sorbonne et aujourd'hui sous-directeur de la Direction des bibliothèques, et dont les Editions Klincksieck, sous la direction diligente d'Alain Baudry, ont assuré la parfaite réalisation.

Jean Céard,
Professeur à l'Université de Paris X-Nanterre,
Conseiller scientifique de la Section de l'Humanisme
de l'Institut de Recherche et d'Histoire des Textes.

ABRÉVIATIONS UTILISÉES

Noms de bibliothèques :

BSG : Bibliothèque Sainte-Geneviève
Maz : Bibliothèque Mazarine
Mus : Bibliothèque Centrale du Muséum National d'Histoire Naturelle
BNU : Bibliothèque Nationale et Universitaire de Strasbourg
Sorb : Bibliothèque de la Sorbonne
BN : Bibliothèque Nationale.

Ouvrages :

Choulant : CHOULAN Ludwig, *Graphische Inkunabeln für Naturgeschichte und Medizin Geschichte und Bibliographie)*, Hildesheim, 1963.

CIBN : *Bibliothèque Nationale, Catalogue des incunables*, Paris, 1981.

Delaunay : DELAUNAY Paul, *La zoologie au XVIe siècle*, Paris, Hermann, 1962.

D'après Nature : *D'après Nature, chefs-d'œuvres de la peinture naturaliste en Alsace de 1450 à 1800*, Strasbourg, Créamuse, 1994.

Hain : HAIN Ludwig, *Repertorium bibliographicum*, Stuttgart, 1826-1838.

Harvard fr., Harvard it. : MORTIMER Ruth, *Harvard College Library, Department of printing and graphic arts, Catalogue of books and manuscripts*,
Part I : *French 16th century books*, Cambridge, Mass., Belknap Press, 1964.
Part II : *Italian 16th century books*, Cambridge, Mass., Belknap Press, 1974.

Petit & Théodoridès : PETIT Georges & THEODORIDES Jean, *Histoire de la zoologie, des origines à Linné*, Paris, Hermann, 1962.

PMM : CARTER J. & HUIR P.H., *Printing and the mind of man*, Munich, Pressler, 1983.

Stillwell : STILLWELL Margaret Bingham, *The awakening interest in science during the first century of printing* ; 1450-1550, *an annotated checklist of first editions viewed from the angle of their subject content*, New York, The Bibliographical Society of America, 1970.

Les ouvrages des notices mentionnés dans l'introduction sont indiqués de la façon suivante : (**25**-1560). Les caractères gras donnent le numéro de la notice et la date est celle de l'édition photographiée, l'originale en principe.

Les notices qui suivent présentent une sélection d'ouvrages de zoologie, imprimés au cours de la Renaissance ou du XVIIe siècle. Classées selon les dates de publication, ces brèves notices ne peuvent prétendre décrire les livres choisis. Soulignant leurs aspects les plus intéressants, elles se veulent plutôt une invitation à aller les consulter. L'introduction qui précède les notices n'a d'autre but que de situer ces livres dans leur contexte savant et d'avancer quelques clés de lecture possibles.

Quant aux limites chronologiques, leur fixation ne va jamais sans quelque arbitraire. La première date retenue, 1450, entame la décennie de l'apparition des premiers imprimés. La seconde, 1700, qui représente simplement la coupure du siècle, permet d'inclure dans cette sélection les nouvelles publications scientifiques, issues de l'activité des sociétés savantes, qui voient le jour lors du dernier tiers du XVIIe siècle.

Notre but étant de présenter des livres parlant des animaux, nous ne considérerons pas ceux qui, à l'exemple des livres d'emblèmes, utilisent des connaissances sur les animaux pour parler d'autre chose. De même, les nombreux ouvrages dans lesquels des représentations d'animaux n'apparaissent qu'à titre ornemental ne nous paraissent pas devoir relever de cette étude. Parmi ceux qui nous restent, beaucoup ne se donnent pas pour unique but d'étudier les animaux : la zoologie est rarement considérée comme une fin en soi. A côté des encyclopédies qui leur consacrent certaines de leurs parties, nombre d'ouvrages centrés sur les animaux justifient cette orientation par des usages pratiques : utilisations médicales, interprétations symboliques, applications agricoles ou encore glorification de l'œuvre du Créateur. Mais derrière la multiplicité de ces applications possibles se profile bien un véritable discours sur les animaux, dont nous suivrons l'évolution. Les nombreux liens de filiation entre les ouvrages présentés ici prouveront qu'ils n'appartiennent pas à des courants de pensée disparates.

Il serait mal venu de porter des jugements sur la valeur scientifique de ces ouvrages : cela n'introduirait que des clivages rétrospectifs. Laissons-nous plutôt guider par les index et les allégations par lesquels les auteurs nous indiquent eux-mêmes les livres qu'ils ont jugés pertinents pour leur étude. L'univers que nous découvrirons alors, on le devine, a peu de points communs avec la discipline scientifique institutionnalisée que nous connaissons aujourd'hui sous le nom de zoologie. C'est par commodité que nous continuerons cependant à utiliser ce mot, difficile à éviter, mais nous l'entendrons dans son acception la plus large, dans son sens étymologique de discours sur les animaux.

Cette définition une fois établie, un certain nombre de bibliographies déjà existantes, bibliographies d'histoire des sciences ou catalogues de livres scientifiques anciens, permettent d'établir une première sélection. Si nous nous attachons à présenter les publications les plus marquantes de la période considérée (beaucoup d'entre elles ont d'ailleurs une portée qui dépasse largement le champ de la zoologie), nous essayons aussi de sortir de l'oubli des ouvrages négligés par les historiens des sciences, soit parce que les théories qu'ils défendaient n'ont pas été retenues, soit parce qu'ils ont été rapidement rendus caducs par des textes postérieurs qui, souvent, s'appuyaient sur eux. Ce faisant, nous voulons retrouver les œuvres représentatives des publications d'une époque donnée, plutôt que privilégier systématiquement des innovations parfois marginales. Les livres sont choisis, autant que possible, sans tenir compte d'une éventuelle spécificité des fonds français : l'ouvrage américain de Margaret B. Stillwell, *The awakening interest in science during the first century of printing* (1970), est particulièrement précieux pour cela car il ne peut être soupçonné de surestimer le poids des auteurs ou des fonds français.

Une fois les œuvres choisies, nous présentons dans la mesure du possible les éditions originales, choix qui permet de bien situer le moment où un texte donné commence à être disponible pour le monde savant, mais qui rend moins bien compte de la période pendant laquelle il reste d'actualité. Pour remédier à cet inconvénient, les éditions ultérieures sont indiquées le plus souvent possible ; on se gardera toutefois d'oublier qu'elles peuvent elles-mêmes comporter des innovations importantes, reflétant l'adaptation du livre à des besoins changeants.

La confrontation de cette première sélection et des fonds se montre particulièrement satisfaisante : l'écrasante majorité des ouvrages retenus figure dans l'une au moins des bibliothèques relevant du ministère de l'Éducation nationale. Le fonds de la Bibliothèque Sainte-Geneviève est particulièrement riche en incunables puisque nous y avons trouvé la plupart des éditions originales que nous recherchions, tandis que les collections de la Bibliothèque du Muséum sont pratiquement exhaustives pour les deux siècles suivants. Plus diversifiée, la très belle collection de la Bibliothèque Mazarine permet de trouver les ouvrages manquant dans les deux fonds précédents, tandis que celle de la Bibliothèque de l'Institut, trop peu connue des chercheurs, est très riche à partir du XVIIe siècle. Si l'on ajoute que nombre de ces ouvrages se trouvent aussi dans les bibliothèques des Facultés de Médecine et de Pharmacie, on verra que les possibilités ne manquent pas de les consulter. L'exploitation du fonds de la Bibliothèque Nationale permettrait de présenter quelques éditions originales là où nous nous sommes contentés d'une réédition ou d'une traduction et d'ajouter deux ou trois ouvrages comme le *De universo* de Raban Maur qui, si sa datation de 1467 était confirmée, serait le premier livre imprimé à décrire des animaux. Inversement, quatre des éditions présentées ici ne figurent pas au catalogue de la Bibliothèque Nationale.

★

Introduction

Si l'histoire des sciences accorde traditionnellement une place privilégiée aux livres, prenant souvent pour jalons chronologiques les dates des publications les plus marquantes, cette tendance s'accentue encore dès lors que l'on s'aventure dans les terres peu explorées de la Renaissance. De fait, les publications imprimées représentent souvent l'essentiel des traces qui nous parviennent de l'activité savante de ce temps. Mais très souvent, l'étude de ces livres se réduit à une analyse de leur contenu qui n'accorde aucune attention au support.

Or le livre ne se livre qu'à moitié à celui qui se contente d'en lire le texte. Cherchons donc à faire parler ce témoin muet, l'objet-livre, qui par sa mise en page, sa typographie, son format, la fonction de ses images, ne peut être considéré comme le support neutre d'un texte. Cherchons à comprendre comment, lors de l'impression, projet de l'auteur et impératifs techniques ou économiques déterminent conjointement la forme d'un livre ; comment, lors de la lecture, cette même forme participe avec le texte à l'élaboration d'un sens. Nous serons alors mieux à même de comprendre la réalité de la pratique scientifique des savants qui nous ont précédés devant ces mêmes livres. Car en somme, ouvrir l'objet-livre, c'est pénétrer dans le laboratoire du zoologiste de la Renaissance.

Les grandes périodes

La première impression qui ressort d'un rapide survol des images qui suivent n'est-elle pas la remarquable évolution de la présentation du livre de zoologie entre le XVe siècle et le tournant du XVIIIe siècle ? Cette évolution formelle prend tout son sens dès lors qu'on la rapproche d'une seconde évolution, tout aussi nette quoique moins immédiatement apparente, celle du contenu des livres. En délimitant cinq périodes principales, nous tenterons de montrer que ces deux évolutions sont conjointes. Elles sont aussi le reflet de nouvelles pratiques savantes.

La période des Anciens

Une première période, consacrée presque exclusivement à l'édition d'œuvres anciennes, peut être arrêtée vers 1520. Ces premiers livres imprimés restent extrêmement proches des manuscrits : l'imprimerie commençante n'intervient que pour se substituer au travail du copiste. Ce sont des textes denses, dans lesquels des espaces blancs sont laissés à l'intention d'un enlumineur qui ajoute les lettrines et les repères colorés guidant la lecture. Parfois, sans doute à cause des rythmes élevés de la production des imprimés, ce travail n'a pas été effectué : on trouve par exemple à la Bibliothèque Mazarine un exemplaire non coloré de l'*Histoire Naturelle* de Pline (**1**-1469) difficilement lisible puisque, en l'absence de lettres d'attente, le lecteur doit deviner la première lettre de chaque paragraphe. (Voir encart couleur, planches I & II.)

Les manuscrits des textes zoologiques anciens qui servent de modèles aux livres nouvellement imprimés étant presque toujours dépourvus d'illustrations, celles-ci sont rares dans les livres de cette période. Elles apparaissent cependant dans les quelques œuvres contemporaines : l'*Hortus sanitatis* (**9**-1491), dont chacun des 1 066 chapitres débute par une image, ou le *Voyage en Terre Sainte* de Breydenbach (**8**-1486), orné d'une planche d'animaux et d'extraordinaires vues de villes.

A une époque où le papier était cher, la main d'œuvre bon marché et les capitaux rares, les imprimeurs avaient peu intérêt à immobiliser des sommes trop importantes dans des éditions à gros tirage qui risquaient de se vendre lentement. Il était donc plus judicieux et moins risqué d'effectuer plusieurs éditions successives d'un ouvrage à succès en investissant plusieurs fois un capital moins élevé, même si cela signifiait refaire à chaque fois la composition typographique. Pour ces raisons d'ordre économique, les tirages moyens des ateliers d'imprimerie sont assez stables, très souvent compris entre 500 et 2 000 exemplaires. Dans ces conditions, c'est le nombre des rééditions qui permet de juger des livres les plus demandés. Ainsi, si aucun ouvrage n'est mentionné dans notre liste entre 1491 et 1525, les rééditions des textes précédents se poursuivent à un rythme soutenu. C'est aussi en cette fin du premier siècle de l'imprimerie qu'Alde Manuce publie à Venise sa monumentale édition grecque des œuvres complètes d'Aristote, entre 1495 et 1498.

La période des correspondances

Mais dans ces traités anciens de zoologie, parfois traduits plusieurs fois avant de parvenir à leurs lecteurs, les liens entre les animaux réels et ceux des livres étaient devenus très ténus. Il était donc tout à fait possible de « connaître » un animal sous son nom savant, souvent l'adaptation latine d'un nom d'origine étrangère, sans être capable de le « reconnaître » autour de soi. Or, à partir de 1520, à côté des éditions de textes anciens qui se multiplient, apparaissent des ouvrages originaux visant à établir des correspondances entre le vocabulaire des Anciens et les noms vernaculaires des animaux observés. Plusieurs de ces œuvres sont des dictionnaires, les autres sont en général munies d'index polyglottes. L'ouvrage de Paolo Giovio sur les poissons des environs de Rome (**10**-1525) est bien représentatif de cette nouvelle démarche dans laquelle des observations originales sont reliées aux connaissances des Anciens par le jeu des correspondances de vocabulaire. Cet effort de rapprochement des mots et des choses se retrouve dans le livre de William Turner sur les oiseaux (**13**-1544) ou encore dans le *De graecis et latinis nominibus arborum, piscium...* (1536), petit lexique publié par Charles Estienne, pouvant servir aussi bien aux naturalistes qu'aux traducteurs de textes littéraires.

Un autre domaine d'investigation s'offre aux zoologistes, pour lequel l'autorité des Anciens pourra difficilement être invoquée : le Nouveau Monde. La première *Histoire Naturelle des Indes*, celle de Fernandez de Oviedo (**11**-1526) parue à Tolède décrit des animaux jusqu'alors inconnus, en utilisant leurs noms indiens. On peut notamment reconnaître la description du fourmilier et celle du tatou. Mais, si les naturalistes espagnols seront nombreux à étudier cette faune nouvelle, peu d'entre eux publieront leurs observations et les connaissances sur les animaux américains ne se construiront que lentement. Ces derniers ne seront donc jamais sur un pied d'égalité avec les autres et souvent les auteurs, quand ils ne les passent pas sous silence, les décrivent à part.

On peut noter que ces textes d'un type nouveau apparaissent au moment même où le livre imprimé trouve sa forme propre, libérée du modèle manuscrit. Avec leurs riches pages de titre, mettant en avant le nom de l'auteur mais aussi celui de l'imprimeur, leur petit format, l'usage de la lettre romaine et de l'italique dans des pages numérotées et aérées, le traité de Giovio (**10**-1525) ou celui d'Agricola (**15**-1549) contrastent nettement avec les lourds folios de la période précédente dont les grandes pages sont noircies de caractères gothiques.

L'enregistrement de la Nature par l'image

La publication des *Herbarum vivae eicones* d'Otto Brunfels (1530) inaugure la nouvelle vague d'ouvrages de botanique caractérisés par une iconographie entièrement renouvelée, effectuée d'après nature, permettant l'identification des plantes en vue d'applications médicales.

La zoologie prend son essor vingt ans après la botanique : c'est au cours de la décennie 1550-1560 que se produit une véritable explosion de publications originales sur les animaux. Une dizaine de traités de première importance sont publiés au cours de ces dix années, traduisant l'activité intense d'une génération de savants, à travers l'Europe. Identifiant les animaux décrits lors de l'Antiquité, ils reprennent dans leurs ouvrages les connaissances des Anciens, enrichies de leurs observations et commentaires ainsi que de gravures d'animaux, souvent réalisées à partir de leurs propres dessins.

Ces savants, presque tous médecins, se connaissent et collaborent en échangeant des échantillons rares pour leur collections. Le suisse-allemand Conrad Gesner en reçoit par exemple en provenance du monde entier. Les anglais William Turner et John Cay lui envoient respectivement des mâchoires de poisson et des coquillages. André Thevet lui fait parvenir des langues de serpent protégeant des venins qu'il rapporte de Malte, et la peau d'un « monstre » d'Amérique (probablement un paresseux). Un seigneur polonais lui procure des cornes d'élan ou de bison tandis que Pierre Belon lui fait don d'un squelette d'engoulevent. A côté de ces échanges matériels, les zoologistes peuvent se citer les uns les autres. Les circulations de textes et d'images sont alors très rapides : le traité de Gesner sur les poissons publié en 1558 reprend presque intégralement ceux des français Belon (1553) et Rondelet (**20**-1554), du suédois Olaus Magnus (**22**-1555), de l'italien Salviani (**23**-1558), tout juste sortis des presses des imprimeurs. Ainsi se construisent des monuments d'érudition, vastes encyclopédies tentant de rassembler l'intégralité des connaissances des Anciens et des observations modernes sur chaque animal.

La zoologie bénéficie pleinement des nouvelles possibilités offertes par le livre imprimé illustré. L'existence d'éditions répertoriées permet d'effectuer des citations avec références précises, y compris pour les œuvres contemporaines. Salviani donne ainsi la liste des éditions utilisées pour son *Histoire des animaux aquatiques* (**23**-1558) en précisant même lieu et date d'impression. On sait ainsi qu'il lit Aristote dans la traduction de Théodore Gaza, Oppien dans celle de Laurent Lippius, qu'il consulte Hérodote dans l'édition de Sébastien Gryphe de 1542, Galien dans celle des héritiers Giunta de 1539, etc. Devenues reproductibles, les images se transmettent de livre en livre au même titre que les textes et véhiculent une part importante des connaissances contenues dans ces ouvrages. Enfin, ces nouveaux auteurs sont de plus en plus présents dans leurs publications : on trouve parfois leurs portraits au verso des pages de titres de leurs livres. On connaît ainsi les traits de Pierre Belon, de Guillaume Rondelet ou encore, ceux d'Ulysse Aldrovandi. (Voir illustration en regard, page 17.)

Après 1560, après cet extraordinaire ensemble de publications originales, aucun grand travail de synthèse zoologique ne voit le jour. Il existe cependant de nombreuses monographies comme celles de Pierre Gilles sur l'éléphant (**26**-1562) et de Guillandini sur l'oiseau de paradis, le *Manucodiata*, qui était supposé ne pas avoir de pattes et ne jamais se poser au sol, la femelle couvant ses œufs dans une cavité du dos du mâle. Des chapitres importants sur les animaux sont aussi publiés dans des œuvres non spécifiquement zoologiques : le chirurgien Ambroise Paré fait souvent œuvre de zoologiste, en particulier lorsqu'il traite des venins ou bien des monstres. Quant à la *Cosmographie universelle* d'André Thevet (1575), elle ne manque pas d'évoquer et de représenter les animaux. Les médecins n'ont donc pas le « monopole » du discours sur les animaux qui reste ouvert aux non-spécialistes.

Période d'explorations

Vers 1610 débute une quatrième période que l'on peut qualifier d'exploratoire. D'une part, parce que les richesses faunistiques du Nouveau Monde sont étudiées et inventoriées de façon plus profonde. Le jésuite Nierenberg tente ainsi de rassembler dans son ouvrage les connaissances disponibles sur les animaux d'Amérique (**34**-1635). Parce que les ouvrages sur les « insectes » (entendus comme animaux de petite taille) d'Aldrovandi (**30**-1602) et de Moufet (**33**-1634) illustrent l'intérêt naissant pour les invertébrés. Mais aussi parce que, alors même que certains persistent dans l'encyclopédisme (comme Jonston (**35**-1650), ou les continuateurs de l'œuvre d'Aldrovandi),

VLYSSIS ALDROVANDI
PHILOSOPHI AC MEDICI
BONONIENSIS.
Historiam Naturalem in Gymnasio Bononiensi
Profitentis,
ORNITHOLOGIAE
HOC EST
DE AVIBVS HISTORIAE
LIBRI XII.
AD CLEMENTEM VIII.
PONT. OPT. MAX.
CVM
INDICE SEPTENDECIM LINGVARVM
COPIOSISSIMO.
BONONIAE
Apud Franciscum de Franciscis Senensem.
CIↃ. IↃ. XCIX
SVPERIORVM PERMISSV.
ALEX. MAG. ARIST.
VESP. IMP. PLIN.

U. Aldrovandi, *Ornithologia*, 1599.

Par ce frontispice dans lequel il se met sur le même plan qu'Aristote et Pline remettant leurs œuvres à Alexandre le Grand et à Vespasien, Aldrovandi assure sa promotion personnelle tout en flattant le pape Clément VIII.

d'autres renoncent à établir des inventaires exhaustifs du monde animal, tâche qui dépasse les capacités de travail d'une vie humaine, et ouvrent de nouvelles voies d'investigation. Ils se tournent vers l'anatomie comme Harvey (**32**-1628) ou vers des réflexions plus théoriques sur la génération ou la classification des animaux. Ces savants, qui centrent leur investigation sur des domaines plus restreints, abandonnent des pans entiers du discours zoologique du siècle précédent : un nouveau discours zoologique s'autonomise progressivement, au prix d'une réduction de son champ d'étude. Mais ces ouvrages n'ont pas l'exclusivité du discours sur les animaux que l'on retrouve dans d'autres types de livres, celui de Bochart sur la zoologie sacrée par exemple. Cette quatrième période, au cours de laquelle les publications sont plus espacées mais aussi plus variées, peut être considérée comme une transition.

La période académique

La cinquième période, entre 1660 et 1700, voit un essor important des études scientifiques, essor contemporain de la naissance des sociétés savantes et des académies. Cette période apporte surtout de nouvelles façons de voir les animaux. L'invention du microscope ouvre de nouveaux horizons à la zoologie et renouvelle l'intérêt pour l'étude des animaux de petite taille. Par ailleurs, la pratique générale de la dissection se manifeste par la publication de nombreuses monographies sur des animaux pris un par un, comme celles de Perrault (**37**-1669). L'ouvrage de Malpighi sur le ver à soie (**38**-1669) rappelle que les traités de zoologie peuvent avoir une réelle utilité pratique. Les savants écrivent de plus en plus souvent dans leur langue nationale, et le latin perd progressivement sa prépondérance. De plus, la taille des publications diminue sensiblement : le livre de Perrault n'a que 120 pages, celui de Malpighi 104 et la publication de Van Leeuwenhoek est une simple lettre de 10 pages (**40**-1677). Le contraste est grand avec les énormes recueils des deux siècles précédents qui approchent souvent le millier de pages !

Pour l'illustration, la gravure sur cuivre, plus fine et mieux adaptée à la représentation d'observations microscopiques est préférée à la gravure sur bois. Parce qu'elles nécessitent l'emploi d'une presse et d'une encre différentes, les gravures sur cuivre ne peuvent être imprimées en même temps que les textes. Cela se traduit dans les livres par une séparation plus franche entre texte et images. Les gravures sont en général réunies en de grandes planches (souvent pliées), comportant plusieurs figures numérotées, planches qui peuvent être insérées dans les pages de texte ou réunies à la fin.

L'univers des Anciens

Un autre trait frappant de ce rapide panorama du livre de zoologie est l'importance accordée aux œuvres des Anciens. En situation de quasi-monopole lors des débuts de l'imprimerie, ces dernières restent encore très influentes en 1700.

Le *De animalibus* d'Aristote, rassemblant sous un titre unique les principaux traités zoologiques du savant grec (l'*Histoire des animaux*, les *Parties des animaux* et la *Génération des animaux*) comporte des observations et des interprétations souvent reprises par les savants de la Renaissance. Aristote avait en effet pour but, non seulement d'identifier les animaux et de les nommer (ce que l'on peut considérer comme la première étape, incontournable, du travail zoologique), mais également de comprendre leur organisation interne et de les classer de façon logique. Sa zoologie est sous-tendue de considérations philosophiques qui le conduisent vers des tentatives d'explications causales : on ressent chez Aristote une volonté très forte de comprendre et d'interpréter les phénomènes observés. L'empreinte de la pensée aristotélicienne se retrouve dans presque tous les livres sur les animaux qui ont suivi, tout en y étant souvent mêlée à des considérations très différentes.

Dans les livres de son *Histoire Naturelle* (**1**-1469) consacrés aux animaux, Pline ajoute l'anecdotique et le merveilleux aux connaissances du philosophe grec. La narration prime alors sur l'interprétation :

> Notre but est de décrire les phénomènes évidents, pas d'en dépister les causes [1].

Mais l'œuvre de Pline, univers complet et cohérent dans lequel sont présentées toutes les branches de la connaissance du monde naturel, exerce une véritable fascination sur les lecteurs de la Renaissance. Elle est encore plus éditée que celle d'Aristote puisque les 19 éditions incunables sont suivies de plusieurs dizaines d'autres au cours du seul XVIe siècle. Donnant lieu à la publication de résumés, d'index détaillés, de commentaires, comme les *Castigationes* sur le livre IX de Francesco Massari (1537), l'*Histoire Naturelle* doit être considérée comme l'une des clés de la zoologie à cette époque.

On trouve encore dans l'héritage de l'Antiquité d'autres œuvres plus littéraires dans lesquelles les animaux tiennent une place prépondérante. Ce sont par exemple les traités d'Oppien (**6**-1478) et d'Elien (**12**-1533), mais aussi les trois opuscules de Plutarque sur les animaux qui, véhiculant une image positive du monde animal, seront abondamment cités lors de la Renaissance.

Les auteurs médiévaux reprennent de nombreux éléments chez les Anciens qu'ils complètent parfois par des observations nouvelles sur des animaux que ni Aristote ni Pline ne connaissaient : les principaux centres intellectuels européens sont en effet plus proches des faunes septentrionales et atlantiques. Les considérations religieuses abondent dans les traités médiévaux : le *Speculum naturale* de Vincent de Beauvais (**3**-1473) est ainsi ordonné selon la chronologie de la création divine, telle qu'elle est décrite dans la *Genèse*. La Bible est encore la principale source d'inspiration du *Physiologus* et des *Bestiaires*, recueils de descriptions d'animaux moralisées, qui doivent plus aux *Etymologies* d'Isidore de Séville qu'aux œuvres de l'Antiquité.

---

1 Pline, *Histoire Naturelle*, XI, 8 (traduction de l'édition de la société *Les Belles Lettres*).

Quant au corpus aristotélicien, il devient disponible en Europe, d'abord par l'intermédiaire de la traduction latine de Michel Scot, rédigée vers 1220 à partir d'une version arabe du IXe siècle, puis après 1260, par celle de Guillaume de Moerbeke, établie directement depuis le grec. Aristote exercera une influence immense sur les encyclopédistes du XIIIe siècle, le dominicain Albert le grand en particulier dont le *De animalibus* (**7**-1479) suit l'ordre des traités zoologiques du philosophe grec. Au XVe siècle enfin, la nouvelle traduction de Théodore Gaza (**5**-1476), première version à être imprimée, permet un accès facile et fiable à l'œuvre zoologique d'Aristote.

Presque tous les ouvrages anciens concernant les animaux sont rapidement imprimés : l'apparition de l'imprimerie n'entraîne pas de tri marqué au sein du corpus des œuvres zoologiques. En conséquence, sort des presses un nombre incalculable de mythes, de légendes et d'animaux imaginaires, qui seront pour la plupart repris par les savants de la Renaissance. De plus, les titres disponibles au début du XVIe siècle sont presque les mêmes qu'un siècle auparavant, ce qui signifie que très peu de nouvelles œuvres zoologiques bénéficient du nouveau moyen de diffusion. Pourtant, la lecture des livres anciens se montrera beaucoup moins stérile qu'on ne l'a longtemps cru.

Les livres de la seconde période, dont plusieurs sont rédigés sous forme de dictionnaire et qui comportent presque toujours des index polyglottes, illustrent la volonté affirmée de rétablir un lien rompu entre les descriptions des Anciens et les noms des animaux connus. Ils traduisent aussi la fascination pour les mots qui caractérise la Renaissance : l'importance du verbe est souvent soulignée avec l'évocation de la langue adamique par laquelle les animaux furent nommés pour la première fois, chacun selon sa nature. Ce poids des noms est encore attesté par les citations fréquentes du livre XII des *Etymologies* d'Isidore de Séville, consacré aux animaux.

Mais derrière cette fascination pour les mots, se manifeste un certain utilitarisme à retrouver ces connaissances anciennes, notamment en ce qui concerne les applications médicales, dont les auteurs ne manquent pas de souligner l'intérêt pratique. Lorsqu'il s'attache à reconstituer les connaissances des Anciens, le savant de la Renaissance n'a pas le sentiment de faire œuvre archéologique. S'il observe, c'est plus pour compléter les connaissances de l'Antiquité que pour les infirmer, comme le résume fort bien cette remarque de Pierre Belon :

> Il n'y a jamais eu loy tant fust rigoureuse, qui defendist qu'on ne peust bien adjouster une chose raisonnable, a ce qui aurait esté desja inventé [2].

On comprend alors tout l'intérêt d'un travail comme le tableau de Salviani (**23**-1558) qui, sur plus de cent pages, reprend tout ce qu'ont dit les Anciens sur les poissons, en indiquant les références exactes des passages cités. (Voir illustration, page en regard.)

2 Belon, *Histoire des estranges poissons marins*, Paris, 1551, f. 3r°.

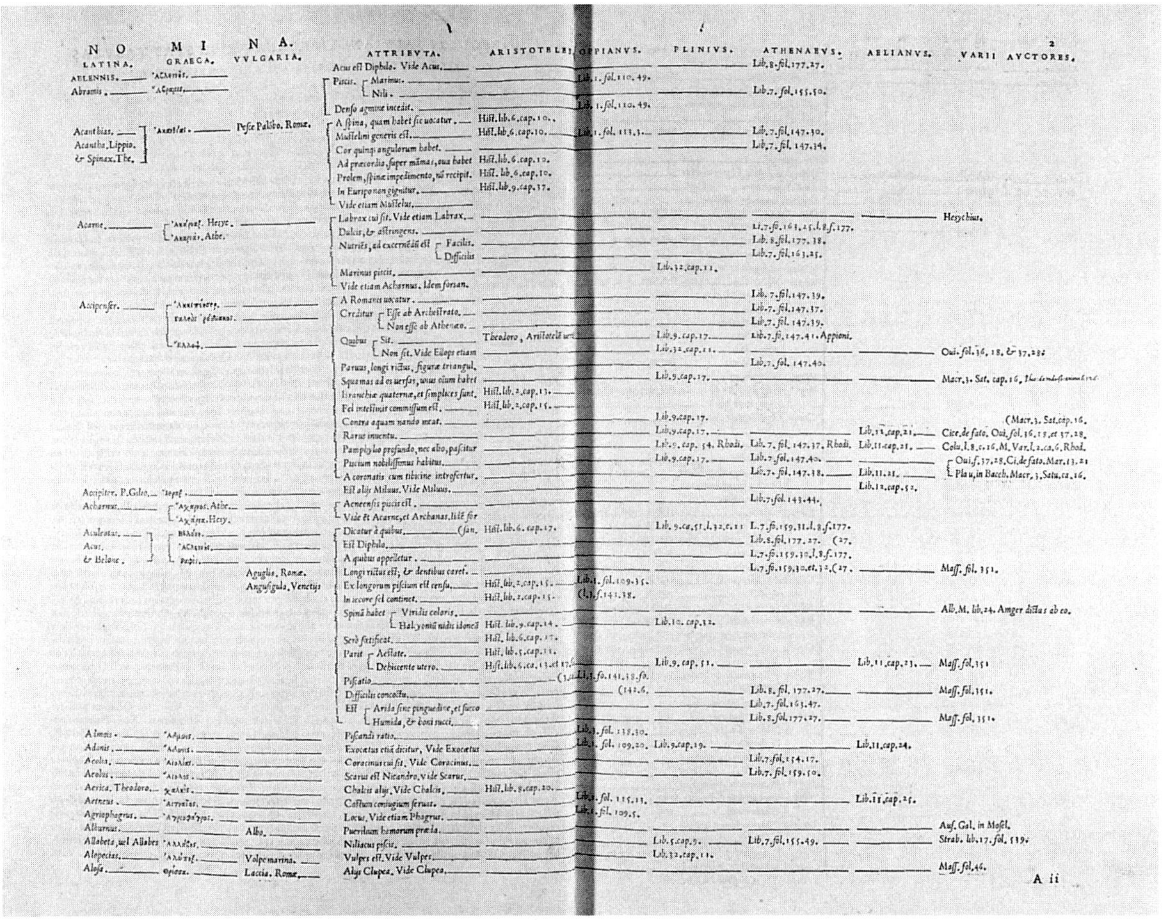

H. Salviani, *Aquatilium animalium historia*, 1558.

Les trois premières colonnes de ce tableau indiquent les noms de l'animal (latin, grec, langues modernes), la quatrième mentionne l'organe considéré et les six suivantes sont attribuées à des auteurs anciens. Si Aristote et Pline y figurent sans surprise, ils sont accompagnés d'auteurs moins connus, spécialistes des poissons comme Elien ou Oppien. C'est une belle illustration de l'importance accordée aux œuvres de l'Antiquité par les zoologistes de la Renaissance.

L'appropriation des textes de l'Antiquité est encore illustrée par la publication en 1563 d'un recueil d'extraits de la zoologie d'Aristote, classés selon l'ordre alphabétique des noms d'animaux [3]. Ainsi transformée en dictionnaire, l'œuvre d'Aristote perd bien sûr une grande partie de sa substance, mais devient plus facilement utilisable comme texte de référence. Ainsi, c'est grâce aux noms latins - souvent adaptés du grec - trouvés chez les Anciens que les observateurs peuvent savoir s'ils parlent des mêmes animaux. Le français Rondelet, le suisse-allemand Gesner et l'italien Salviani auraient-ils pu se lire et se citer mutuellement s'ils n'avaient pas disposé de ce vocabulaire commun ? Avec les mots de Pline et d'Aristote se noue un nouveau dialogue entre observateurs modernes. C'est bien la période suivant immédiatement l'assimilation du vocabulaire des Anciens, la décennie 1550-1560, qui voit apparaître des œuvres novatrices, marquant une étape essentielle de l'histoire de la zoologie par des pratiques d'observation et de représentation résolument nouvelles. La biographie de Conrad Gesner, à la fois grand philologue, éditeur de textes de l'Antiquité et observateur chevronné entretenant un réseau de correspondants dans toute l'Europe, illustre bien l'étroite complémentarité entre connaissance des Anciens et observation.

Cette même volonté de se rapprocher de l'univers des Anciens, en retrouvant des manuscrits, mais aussi les plantes et les animaux qu'ils ont décrits dans leurs œuvres, incite les naturalistes à explorer le Proche-Orient. En 1546, Pierre Belon accompagne ainsi M. d'Aramon, ambassadeur de François Ier auprès du sultan turc. Il rencontre là-bas Pierre Gilles, qui arpente le Bosphore en utilisant comme guide un vieux manuscrit grec de Denys de Byzance dont il publiera une traduction enrichie d'apports d'autres auteurs et d'observations personnelles. Ces naturalistes voyageurs effectuent d'importantes observations et rapportent des échantillons qui leur permettent dans un second temps d'aller plus loin que leurs prédécesseurs de l'Antiquité.

Socle de référence, patrimoine commun à l'ensemble des savants de la Renaissance, les écrits des Anciens permettent donc l'élaboration collective à travers l'Europe d'un nouveau discours sur les animaux, discours qui prend forme dans des ouvrages richement illustrés, comme ceux de Belon, de Rondelet ou de Salviani, et s'accumule dans les vastes encyclopédies qui suivent. Après avoir été le support d'une reconstitution des connaissances des Anciens, le livre imprimé devient le lieu de leur questionnement critique et de leur dépassement, grâce à ce même processus d'accumulation. La découverte du Nouveau Monde, en faisant éclater les frontières géographiques et zoologiques de l'Antiquité, incite également les zoologistes à quitter les voies tracées par leurs prédécesseurs : ils doivent en particulier résoudre la difficulté consistant à décrire des animaux sans disposer de noms déjà établis.

3 Cæsar Odunus, *Aristotelis sparsae de animalibus sententiae in continuatam seriem ad propria capita revocatae, nominaque secundum literarum ordinem disposita*, Bologne, 1563.

Fonctions de l'image

L'illustration joue un rôle particulièrement important en zoologie, ou tout aussi bien en botanique. Certains des traités de l'Antiquité étaient d'ailleurs illustrés. Cependant, si les représentations de plantes de Dioscoride se sont transmises, les planches qui accompagnaient la zoologie d'Aristote, auxquelles il se réfère sous le nom d'*Anatomiae*, ont été perdues. Quant aux autres textes zoologiques de l'Antiquité ils ont rarement été illustrés, ce qui explique que les premiers incunables traitant de zoologie soient dépourvus d'images.

Il convient cependant de dire quelques mots des illustrations d'animaux figurant dans d'autres manuscrits. Si l'on trouve dans les marges de textes non zoologiques, les livres d'heures par exemple, de belles miniatures d'animaux, d'une finesse telle que l'on reconnaît parfois l'espèce précise représentée, ce sont des illustrations décoratives, sans interférence avec le texte en regard, qui ne nous intéressent pas ici. Elles suggèrent simplement que les artistes étaient capables de représenter des animaux avec un grand réalisme et que s'ils ne le font pas toujours, c'est qu'ils poursuivent d'autres buts. Les bestiaires, ceux de la tradition anglaise du XIIe siècle en particulier, contiennent des illustrations d'animaux à forte valeur symbolique. Ces représentations sont régies par des codifications précises, reprises de manuscrit en manuscrit. Ainsi, la posture d'un animal ou le contexte dans lequel il est dessiné peuvent être des éléments importants de la reconnaissance : le chat chasse presque toujours une souris, l'aigle fixe le soleil du regard, etc. Les couleurs utilisées pour les animaux et les éléments de décor qui les entourent participent également à la signification de la représentation.

Or l'imprimerie va bouleverser cette codification des images. D'une part l'imprimé ne peut plus utiliser la couleur comme le faisait le manuscrit car, si l'on trouve des imprimés soigneusement colorés, pour le plus grand prestige de leur possesseur, ces livres restent très minoritaires par rapport à tous ceux qui sont publiés en noir et blanc. Ces mises en couleur sont en général réalisées à l'initiative de l'acquéreur du livre. Elles doivent donc être interprétées comme une forme d'appropriation par le lecteur, sur laquelle l'auteur n'a en général aucun contrôle. Pour des représentations d'animaux, ceci peut avoir des conséquences étonnantes. Si l'on compare deux mises en couleur d'une même gravure d'oiseau de Pierre Belon, on observe... deux oiseaux différents ! (Voir encart couleur, illustrations de la planche IV.) La sarcelle de l'exemplaire de la bibliothèque de Tours, ainsi colorée évoque immanquablement le canard col-vert bien connu. Que dire alors des relations entre texte et image ? On peut avancer l'idée que la mise en couleur des images qui fait souvent de celles-ci des objets en soi se traduit par une certaine distanciation vis-à-vis du texte.

Ensuite, le trait épais des premiers bois gravés oblige à réaliser des gravures de plus grande taille. Les illustrations quittent alors les marges des livres pour venir s'insérer au sein du texte. Les premières illustrations imprimées se sont probablement montrées moins lisibles que celles des manuscrits pendant une période de transition. Mais bientôt, les représentations s'affinent, grâce à la virtuosité des graveurs sur bois qui s'améliore nettement sous l'influence d'Albrecht Dürer et de ses élèves. De nouvelles codifications de lecture de l'image s'établissent. Des ombrages, obtenus par l'impression de hachures serrées, permettent par exemple de donner du relief à la représentation et de compenser partiellement l'absence de couleurs.

Les premières illustrations imprimées sont souvent reprises sur des bestiaires manuscrits, comme celles de l'*Hortus sanitatis* (9-1491) dont beaucoup d'images sont inspirées de celles d'un traité médical du XIIe siècle, le *Circa instans*. Alors que le prologue souligne l'importance des illustrations en expliquant que l'auteur s'est fait accompagner d'un peintre lors de son voyage en Orient pour dessiner les plantes étrangères, rien ne distingue les représentations conventionnelles proposées dans ce livre de celles que l'on connaissait déjà. La construction même de l'*Hortus sanitatis* dont chacun des 1 066 chapitres débute par une image, montre bien le rôle de repère visuel dans la mise en page qui est attribué à ces dernières. De fait, c'est souvent grâce à elles que l'on trouve rapidement l'animal recherché.

Une nouvelle vague d'images, gravées en général à partir des dessins d'observation des zoologistes, apparaît en 1550, rompant nettement avec l'iconographie précédente qui dans certains cas remontait à l'Antiquité grecque. Reprise de livre en livre au fur et à mesure des compilations, cette iconographie nouvelle transfigure la représentation imprimée des animaux et supporte une part de plus en plus importante du contenu scientifique des livres. Une préface du botaniste Fuchs, dans laquelle il s'attaque vivement à Galien qui s'opposait aux représentations de plantes, atteste bien d'une évolution :

> Qui en son honnête âme condamnerait des images qui communiquent des informations bien plus clairement que les mots, même du plus éloquent des hommes [4] ?

On peut distinguer deux modes de fonctionnement de l'image dans le livre de zoologie : elle peut servir à l'identification ou à la narration. La première fonction s'exerce lorsque c'est par l'image que l'on reconnaît l'animal dont parle le texte. Dans ce cas, elle n'apporte pas de connaissance nouvelle : en voyant une gravure représentant par exemple un mouton, le lecteur ne s'attache pas à en tirer des renseignements sur son apparence et sa morphologie. Cette reconnaissance met en jeu des mécanismes plus complexes que la simple ressemblance effective d'une gravure avec l'animal réel. En effet, la reconnaissance s'effectue le mieux lorsque l'illustration évoque non pas l'animal réel mais plutôt la représentation mentale qu'en a le lecteur. Ainsi, une représentation du lion, est d'autant plus lisible qu'il est altier et noble. Oublions donc un peu les modèles vivants et cessons d'analyser les images de la Renaissance en fonction du seul critère de la

4 Fuchs, *De historia stirpium*, Bâle, 1542, p. X-XI.

ressemblance ! Nous pouvons alors comprendre que même une représentation de licorne peut être plus ou moins convaincante, puisque le lecteur a en tête une image très précise de cet animal. De fait, les représentations d'animaux imaginaires ont le même statut que les autres, et la fonction identificatrice de l'image peut s'exercer dans les deux cas.

La seconde fonction s'exerce lorsque le lecteur connaît mal l'animal représenté. L'image est alors narrative et lui permet de se construire une représentation mentale d'un animal qu'il pourra éventuellement identifier plus tard, même s'il le voit pour la première fois. L'image communique en effet une grande quantité d'informations, assimilable d'un coup d'œil. Cette fonction narrative jouera pleinement pour les représentations d'animaux lointains, ceux du Nouveau Monde en particulier. Elle intervient aussi pour représenter des monstres ou des chimères qu'elle contribue à crédibiliser en leur donnant vie dans l'imaginaire des lecteurs.

A ces deux fonctions ne correspondent pas deux catégories d'images puisqu'une même image (la représentation d'un toucan par exemple) peut être identificatrice pour un lecteur connaissant la faune d'Amérique et narrative pour un autre. Elle peut même devenir identificatrice dès lors qu'un lecteur la voit pour la seconde fois ! Il est en effet possible de devenir savant en zoologie sans voir beaucoup d'animaux.

Une autre particularité importante de l'image imprimée réside dans sa reproductibilité. Chaque nouvelle édition illustrée, représente en effet 500, 1 000 ou 2 000 jeux de gravures identiques. Ce qui rompt avec la tradition manuscrite dans laquelle l'image évolue rapidement vers une stylisation marquée puisque celui qui la duplique ignore souvent les détails caractéristiques. L'intégrité des représentations imprimées se maintient même souvent d'une édition à l'autre car les imprimeurs peuvent réutiliser plusieurs fois un jeu de bois ou en faire regraver de nouveaux à partir d'un modèle imprimé. La fidélité parfois scrupuleuse de ces reproductions suggère que l'image a une valeur importante en tant que représentation. Avec assez peu de créations de figures nouvelles, celles qui existent circulent d'un auteur à un autre, s'accumulent progressivement dans les encyclopédies et bénéficient d'une large diffusion. Ainsi, le célèbre rhinocéros gravé par Dürer en 1515, repris dans la compilation de Gesner en 1551 (**18**-1551), va devenir le modèle, presque exclusif, de représentation de cet animal jusqu'au XVIIIe siècle.

Il y a donc un certain immobilisme dans les représentations d'animaux mais cet immobilisme relatif est aussi une condition nécessaire à la normalisation de l'iconographie zoologique qui s'effectue entre 1550 et 1700, symétriquement à la normalisation des nomenclatures. D'édition en édition, chaque représentation suit ainsi sa propre trajectoire, plus ou moins indépendante de l'animal représenté avec lequel elle est rarement confrontée. On peut reconstituer ces trajectoires en s'aidant des légères pertes de détail possibles, ou bien du fait que, lorsqu'un bois est gravé à partir d'un exemplaire imprimé, l'image est souvent inversée latéralement par rapport à son modèle. (Voir illustrations, double page suivante.)

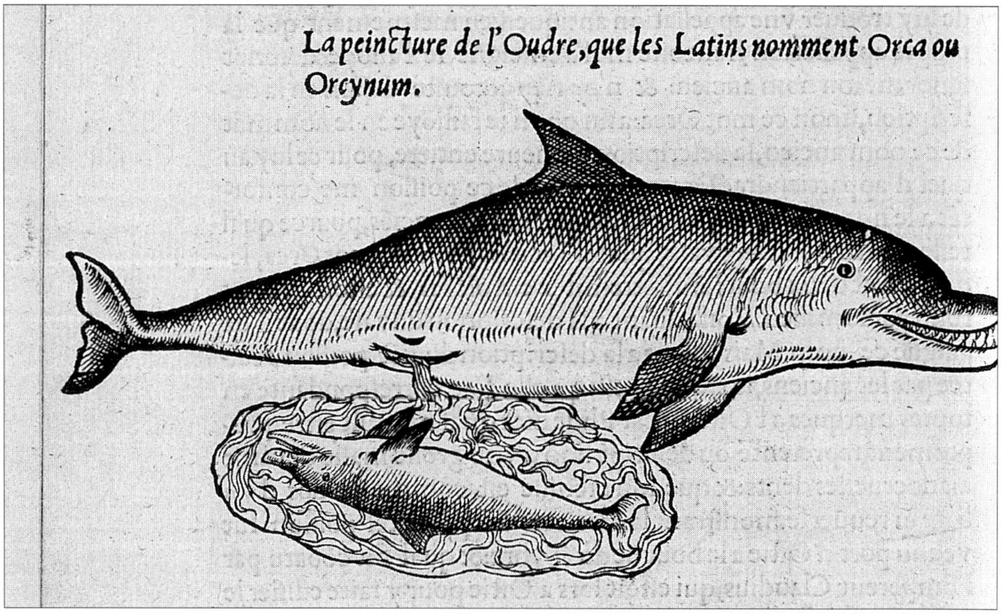

P. Belon, *Histoire des estranges poissons marins*, 1551.

G. Rondelet, *De piscibus marinis*, 1554.

Diffusion d'une image : le dauphin femelle venant de mettre bas.

Belon et Rondelet ont tous deux étudié de près le dauphin et sa reproduction. Leurs deux gravures cependant s'inspirent viviblement d'un même dessin. Or, dès 1551, Belon mentionne la collection de dessins de poissons réunie par Rondelet. Ne s'est-il pas inspiré de l'un d'eux ?

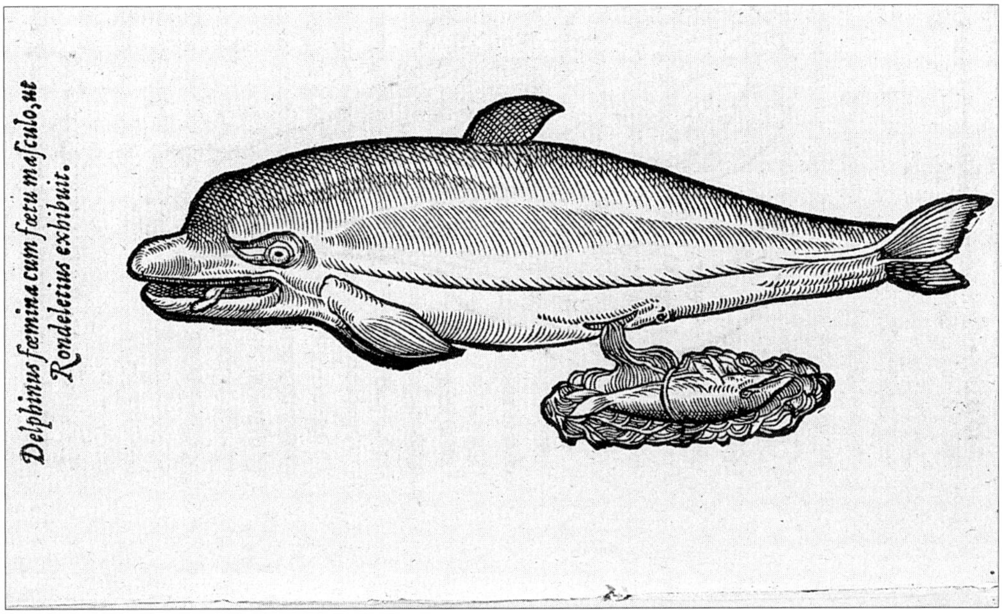

C. Gesner, *Icones animalium aquatilium*, 1560.

J. Ray, *De historia piscium*, 1686.

C'est l'image de Rondelet qui a servi de modèle à ces deux gravures qui apparaissent logiquement inversées latéralement. Alors que Gesner reproduit l'image en indiquant sa provenance, Ray la modifie à partir de ses propres observations. Il fait également disparaître l'embryon.

Mais on peut observer des altérations dans la transmission des images, qui créent parfois de nouveaux effets de sens. On en trouve un bel exemple dans la deuxième édition de l'*Hortus sanitatis*, imprimée par Jean Pruss à Strasbourg vers 1500, où les planches marquant les différentes parties de l'ouvrage sont modifiées. Leur nombre passe de sept à trois et l'imprimeur réutilise des bois provenant d'autres livres. La gravure en tête du traité des « bestes », qui dans l'édition originale représentait trois savants observant des animaux dans un enclos, se trouve ainsi remplacée par une gravure du squelette humain avec le détail des noms des os. (Voir illustrations ci-dessous et en regard.)

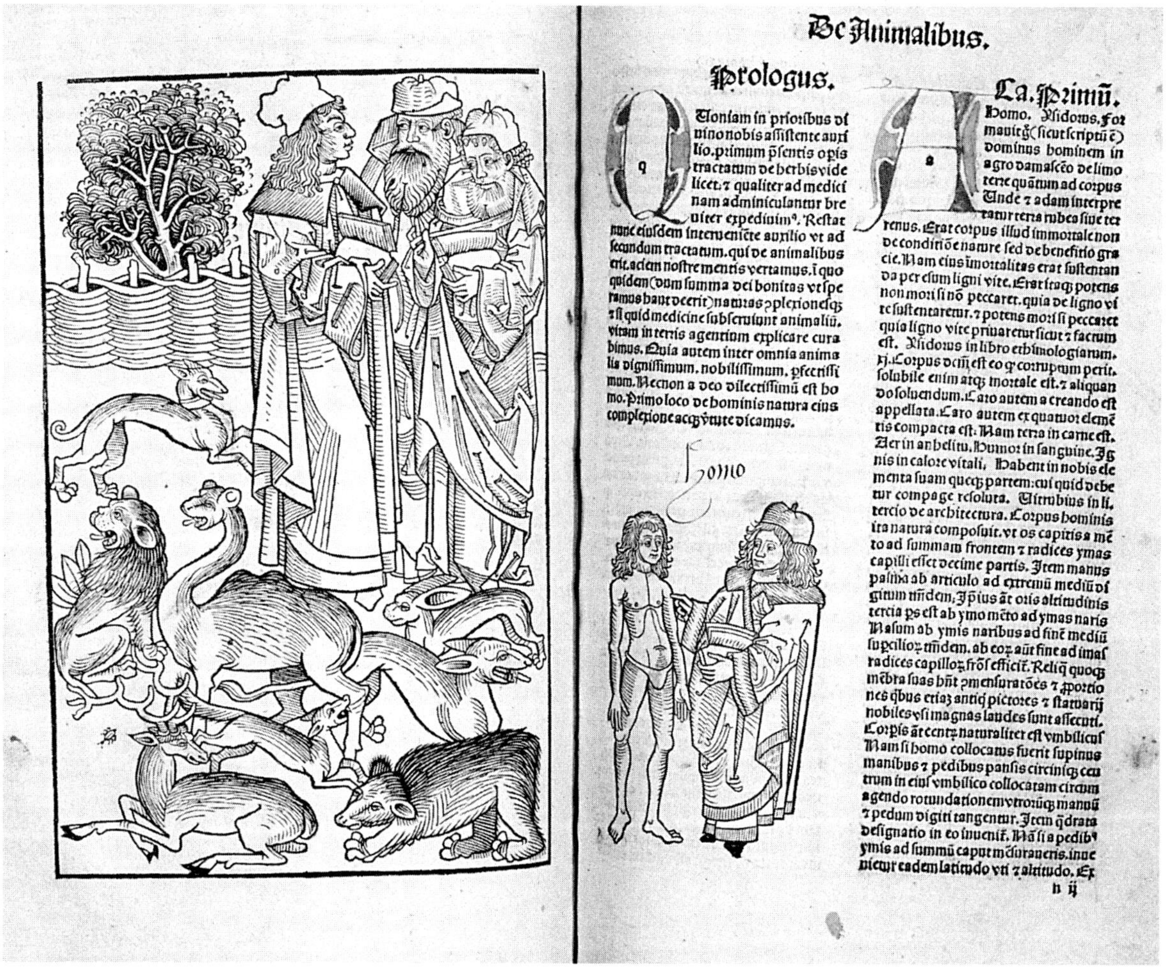

Hortus sanitatis, édition originale, 1491.

Début du De animalibus. *La planche de gauche indique que l'on entre dans une nouvelle partie de l'ouvrage concernant les animaux terrestres. Plus petite, la gravure de droite annonce et illustre le premier chapitre, consacré à l'homme.*

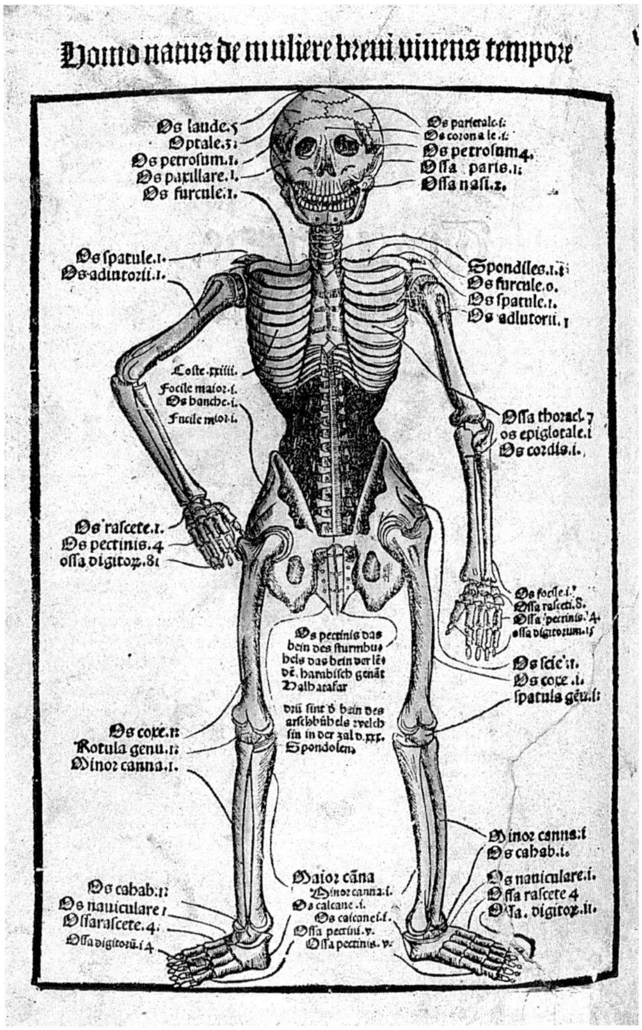

Hortus sanitatis, seconde édition, vers 1497 (Mus).

La substitution de cette gravure aux deux précédentes est à l'origine d'un nouvel effet de sens.

Cette dernière gravure, éditée en feuillet séparé en 1493, avait été reprise en 1497 dans une édition strasbourgeoise de la *Chirurgia* de Brunschwig par Grüninger. Ce dernier prête le bois correspondant à Pruss et la gravure entre dans l'*Hortus sanitatis*, où elle s'intègre parfaitement au texte en vis-à-vis qui est une numération des os du corps humain. Elle sera reprise dans toutes les éditions ultérieures, modifiant le sens de l'illustration originale puisqu'elle remplace à la fois l'ancien frontispice du traité des bestes et la gravure de l'homme. Elle introduit notamment l'idée de la fragilité de l'existence humaine puisque sa légende invite à méditer sur la mort. La représentation de l'homme par un squelette suggère également que le livre ne traite que de la partie corporelle de l'homme par laquelle il s'apparente aux animaux.

L'utilisation généralisée de la gravure sur cuivre au XVIIe siècle, associée à la technique de la taille douce qui permet d'obtenir un trait d'une grande finesse, modifie une nouvelle fois le statut de l'image dans les traités zoologiques. Le coût élevé de cette technique entraîne une nette diminution du nombre de gravures par livre, partiellement compensée par la réunion de plusieurs images d'animaux sur chaque planche.

L'illustration perd alors sa place privilégiée au cœur du discours et le dialogue entre textes et images qui prévalait dans les traités du siècle précédent est rompu. Si les images valorisent toujours le texte qu'elles accompagnent, elles ont cessé d'en faire partie intégrante. C'est le cas du luxueux ouvrage de John Ray (**42**-1686) dans lequel les illustrations ont été imprimées à Londres, avec l'appendice consacré aux poissons des Indes Orientales, tandis que le texte était imprimé à Oxford. L'auteur n'a eu aucune influence sur l'emplacement des illustrations qui se retrouvent, suivant les exemplaires, reliées en un volume séparé, regroupées à la fin, ou insérées plus ou moins heureusement dans le texte. La correspondance de John Ray montre enfin que son livre aurait été édité sans gravures s'il n'était parvenu à obtenir le mécénat des membres de la *Royal Society* qui se sont cotisés pour les financer. Certaines des gravures ont été faites à partir de dessins de John Ray tandis que les autres reprennent, sur ses indications, les illustrations des livres du siècle précédent[5].

La taille douce se montre particulièrement adaptée aux représentations d'observations microscopiques, qui apparaissent au cours de la seconde moitié du XVIIe siècle. Proposant des représentations d'un même animal, sous différents angles et à différentes échelles, l'image est ici encore narrative lorsqu'elle peint un univers microscopique impénétrable pour la majorité des lecteurs. Offrant l'invisible au regard, elle devient le lieu d'une révélation. Les images microscopiques participent ainsi à une mise en scène de la preuve expérimentale : celles du livre de Buonanni (**43**-1691) par exemple contribuent à crédibiliser sa vision de la génération spontanée.

Cependant, qu'elle soit identificatrice ou narrative, l'illustration possède dans les deux cas un sens plus profond encore : dans leur abondante diversité, les images constituent aussi la plus belle des preuves de la richesse du monde, le plus éloquent des éloges du Créateur. Issues d'un long travail d'accumulation, avec l'obsession de ne rien laisser de côté, les encyclopédies richement illustrées de la fin du XVIe siècle, dans lesquelles la profusion des images rivalise avec celle des noms d'animaux, sont aussi des monuments élevés à la gloire de Dieu. Les « re-présentations » d'animaux qui défilent sous les yeux du lecteur en train de tourner les pages semblent vouloir réitérer la scène biblique de la présentation des animaux à Adam.

---

5 « As to designs for the cuts, I have several drawn by hand from the life, and have already, for every species, made a reference to the place where the best figure of it is extand in Gesner, Aldrovand, Rondeletius, Salvianus, &c., (I mean in my judgment) in a paper I have by me, which you may command. », John Ray, *Correspondence*, E. Lancaster ed., Londres, 1848, p. 164.

Animaux réels, animaux imaginaires

L'étude des images montre que les mécanismes de représentation peuvent être semblables pour des animaux très différents : un animal domestique comme le cheval est représenté de façon analogue à un animal lointain comme le lion, ou imaginaire comme la licorne. Et ces analogies de représentation révèlent un statut commun à l'ensemble de ces animaux dans l'univers zoologique de la Renaissance. Même s'il est imaginaire, un animal mentionné par des auteurs reconnus a une existence plus tangible qu'un autre dont ces auteurs ne parleraient pas. La seule distinction que l'on peut établir parmi les animaux de la Renaissance consisterait à séparer des autres les animaux familiers ou domestiques, que l'on côtoie quotidiennement.

Ces derniers, souvent décrits sous plusieurs noms différents, sont l'objet de distinctions plus fines. On peut par exemple trouver dans l'*Hortus sanitatis* (9-1491) un chapitre sur la brebis, un autre sur le bélier et un troisième sur l'agneau, comportant chacun une gravure différente. Ce choix, parfois interprété naïvement comme un signe de l'ignorance profonde de l'auteur, montre plutôt que pour ces animaux très proches, la notion d'espèce s'estompe devant d'autres significations, symboliques ou médicales, plus fondamentales : on ne tire pas les mêmes remèdes de l'agneau et du bélier. Notons que cette situation s'est maintenue dans le vocabulaire contemporain, puisque la vache ou la poule n'ont toujours pas de nom d'espèce en français. De même l'anguille, pour des raisons gastronomiques, possède des noms différents suivant les stades de sa croissance. Les illustrations de ces animaux familiers ont une fonction essentiellement identificatrice.

A ces animaux suffisamment proches pour se voir attribuer un vocabulaire enrichi s'opposent les animaux lointains, qui peuvent l'être soit parce qu'ils sont difficiles à observer, soit parce qu'ils vivent dans des contrées éloignées, soit encore parce qu'ils n'existent que dans l'imaginaire collectif. Les traités de la Renaissance établissent peu de distinctions à l'intérieur de ce second groupe d'animaux. La licorne, accréditée par la Bible même, est beaucoup plus proche de l'homme de la Renaissance, et donc plus crédible, que la girafe, rarement observée. Dans le livre de Breydenbach (8-1486), une licorne figure d'ailleurs à côté de la première représentation imprimée de girafe ! Beaucoup de ces animaux n'ont même pas de noms dans les langues des zoologistes qui utilisent alors pour les identifier des noms latins ou grecs et, pour les faunes lointaines, les noms des indigènes. Les illustrations associées à ces animaux, lorsqu'elles existent, ont une fonction beaucoup plus narrative : elles supportent souvent à elles seules l'essentiel de la description.

Rondelet termine son livre sur les poissons (20-1554) par un chapitre décrivant le monstre léonin, le monstre marin en habit de moine, ..., et d'autres qui partagent avec ceux-ci la particularité d'être à la fois terrestres et aquatiques. La présence de ces monstres n'est pas pour surprendre trop nos auteurs puisqu'elle trouve des justifications théoriques chez Pline qui écrit à propos de la mer :

> On y trouve même beaucoup d'êtres monstrueux, car les semences et les embryons s'y confondent et s'agglomèrent de multiples façons, roulés soit par le vent soit par la vague ; ainsi se vérifie l'opinion commune que tous les êtres naissant dans une partie quelconque de la nature se retrouvent aussi dans la mer [6].

Des êtres monstrueux peuvent donc venir au monde régulièrement selon ce processus naturel. De plus, des monstres artificiels construits par l'assemblage souvent frauduleux d'organes hétéroclites et destinés aux collectionneurs de curiosités, venaient encore étayer cette théorie. Certaines images de monstres représentent ces chimères, d'autres sont des interprétation littérales de noms hybrides comme « veau marin » ou « hippopotame ». S'il s'interroge parfois sur l'existence réelle de ces animaux, Rondelet les représente cependant. Mais ces premières ébauches de différenciation sont réduites à néant par la compilation de Conrad Gesner, qui décrit indistinctement tous les animaux mentionnés avant lui.

A la fin du XVIIe siècle, John Ray (42-1686) se démarque explicitement de Gesner sur ce point :

> Nous n'avons pas cherché à rédiger un pandecte des poissons, ..., cela a déjà été effectué par le grand Conrad Gesner, mais seulement à enregistrer nos propres observations, celles de nos amis, ou celles d'auteurs dignes de foi [7].

Se plaignant de la contamination des traités de zoologie par des espèces fantaisistes et de l'abondante synonymie en usage qui augmente artificiellement le nombre d'animaux décrits, il se glorifie moins d'avoir découvert de nouvelles espèces que d'avoir effectué un tri parmi celles de ses prédécesseurs [8].

Lectures plurielles du livre de zoologie

De par leur diversité même, les ouvrages présentés ici sont destinés à plusieurs types de lectures. Il peut être intéressant d'essayer de cerner un peu plus, en nous appuyant en particulier sur la forme des livres, les lectures qui pouvaient en être faites et de montrer comment la lecture évolue avec la forme des livres. Ceci permettra de mieux comprendre le rôle du livre dans la pratique zoologique.

---

6 « In mari ... pleraque etiam monstrifica reperiuntur, perplexis et in semet aliter atque aliter nunc flatu nunc fluctu conuolutis seminibus atque principiis, uera ut fiat uolgi opinio, quicquid nascatur in parte naturae ulla, et in mari esse præterque multa quæ nusquam alibi », *Histoire Naturelle*, IX, 2.

7 John Ray, *De historia piscium Francisci Willughbii,* ..., Londres/Oxford, 1686, appendice p. 29.

8 *Ibid.*, p. 30.

Les ouvrages de la première période, qui s'apparentent pour la plupart à des encyclopédies, ne s'adressent pas à des spécialistes, mais simplement à un public lettré et érudit. Nous avons vu plus haut comment ils sont considérés par les zoologistes comme des ouvrages de référence, et utilisés comme sources de connaissance. La généralisation de la pagination et des index facilite la lecture fractionnée : on peut ainsi ne lire qu'une seule description d'animal de Pline, suite à une référence indiquée par un auteur. Les commentaires dont l'*Histoire Naturelle* a été l'objet méritent d'être étudiés : ils offrent une reconstitution des attentes du lecteur de la Renaissance par rapport à ce texte. Certains index détaillés de l'*Histoire Naturelle* étaient peut-être même lus en lieu et place de l'œuvre elle-même…

L'*Hortus sanitatis* (**9**-1491), à cause de ses nombreuses illustrations d'animaux fabuleux, est souvent qualifié rapidement de livre populaire. Mais cela mérite d'être relativisé. Tout d'abord, s'il y a bien eu des livres destinés à un public non lettré, le seul prix d'un livre interdit d'imaginer des lecteurs véritablement populaires. Ensuite, l'*Hortus sanitatis* reste une compilation de textes savants, avec indication des sources. Et sa traduction française publiée chez Antoine Vérard n'a rien d'une adaptation sommaire comme celles qui sont fréquemment établies pour d'autres traités latins. L'évolution du livre et de ses index au fil des éditions suggère qu'il s'agit moins d'un traité de médecine à usage pratique (ce que le titre et le prologue suggèrent) que d'un panorama illustré des richesses du monde naturel. L'*Hortus sanitatis* s'apparente alors à une sorte de « théatre du Monde » que l'auteur met en scène pour un lecteur-spectateur. On peut supposer que c'est ainsi que le lisait le bibliophile Thomas Mahieu qui possédait un exemplaire somptueusement relié de l'édition strasbourgeoise de 1536 [9].

Pierre Belon destine explicitement ses livres à un large lectorat. Dans son ouvrage sur les cétacés (**17**-1551), écrit en français dans un style très accessible, il explique à propos du dauphin :

> J'ay entrepris d'en bailler les vives images, et de faire qu'il soit cogneu de touts [10].

Son traité sur les oiseaux (**21**-1555), émaillé de citations grecques d'Aristote, ne doit pas trop faire illusion : Belon qui maîtrisait mal le latin devait ignorer presque tout du grec et s'est probablement fait aider pour ces citations qui donnent à son livre une teinte d'érudition. Caution du sérieux de l'ouvrage, ces phrases grecques introduisent une sorte de distanciation entre l'auteur qui affiche son érudition et le lecteur qui souvent ne sait pas les lire.

La forme de l'*Histoire des animaux* de Gesner (**18**-1551) et sa construction en disent long sur sa lecture. Le seul volume du livre dissuade de tenter de le lire complètement : les quatre premiers tomes comportent déjà plus de 4 000 pages ! L'ordre alphabétique et les

9 *Hortus sanitatis quatuor libris… complectens…*, Strasbourg, 1536 (BN[Res $Te^{138}26$).

10 Belon, *Histoire des estranges poissons marins*, Paris, 1551, f. 3 r°.

nombreux index sont plutôt adaptés à une lecture de référence au cours de laquelle on peut trouver tout ce qui a été écrit sur chaque animal. L'avertissement au lecteur confirme cette interprétation : Gesner en s'excusant du volume de l'ouvrage explique qu'il y inclut tous les écrits sur les animaux qu'il a pu trouver chez ses prédécesseurs [11]. Pourtant, cette démarche d'accumulation trahit souvent le sens original des œuvres compilées. Si l'on retrouve bien dans le livre de Gesner les illustrations et les commentaires de ceux de Belon et de Rondelet, la mise en miettes de ces livres selon l'ordre alphabétique est une véritable dénaturation. Tous les rapprochements d'espèces tentés par ces deux auteurs et les groupements qu'ils avaient constitués disparaissent derrière le seul critère du nom. De plus, les textes de ces deux auteurs perdent beaucoup de leur sens lorsqu'ils se trouvent ainsi insérés dans l'ouvrage touffu de Gesner. On ne peut comprendre la lecture d'une description d'animal sans tenir compte de l'environnement que constitue l'ouvrage dans lequel elle se trouve. D'ailleurs, les zoologistes postérieurs préféreront souvent consulter directement les sources de Gesner. Son encyclopédie reste toutefois le lieu d'une immense confrontation entre textes zoologiques, rendue possible par l'accumulation des connaissances. Par son étonnante exhaustivité, elle peut être considérée comme l'arche de Noé de la Renaissance.

Les principaux traités zoologiques de cette période, (ceux de Belon, de Rondelet, de Gesner et de Salviani) donneront lieu à la publication de livres constitués de leurs images, accompagnées des textes très réduits. Il faut y voir une opération commerciale permettant aux possesseurs des bois gravés de mieux les rentabiliser, opération qui se fait parfois sans l'accord des auteurs concernés. Ces livres d'images permettent la diffusion des connaissances zoologiques auprès d'un public sensiblement élargi. Ambroise Paré trouve ainsi dans les *Icones* de Gesner (25-1560) les représentations d'animaux, qui souvent proviennent de Belon ou de Rondelet, qu'il inclut dans son traité *Des monstres et des prodiges*. Ici se confirme la fascination, déjà évoquée plus haut, qu'exercent les images : ces livres où le texte se réduit à des légendes d'images suggèrent que le livre de zoologie peut être plus regardé que lu. A côté d'une lecture savante, d'autres usages du livre de zoologie sont en effet possibles : une utilisation contemplative d'un recueil illustré refermant en lui une partie des trésors du monde naturel que l'on n'a pas l'occasion de voir par ailleurs. Ou bien une utilisation artistique : ces représentations imprimées d'animaux viendront s'ajouter aux carnets de modèles des peintres de la Renaissance. Les images d'animaux introduites par les zoologistes vont alors se répandre très largement. C'est ainsi que l'on retrouve sur des tableaux ou des fresques murales (celles du Palais Nizzola à Mantoue par exemple), des animaux tout droit sortis des livres de Gesner. De même, la tapisserie de Norfolk (Oxburgh Hall) représente un toucan, brodé par la reine Marie d'Ecosse, qui est l'exacte réplique de la gravure de Thevet.

---

11 « Omnia omnium quotquot habere potui ante nos de animalibus scripta summo studio referre conatus sim... », *Historia animalium liber I, de quadrupedibus viviparis*, Zürich, 1551 (f. ß r°).

Ainsi, si le lectorat potentiel des livres de zoologie du XVIe siècle, presque tous rédigés en latin, ne représente qu'une fraction infime de la population, ces livres bénéficient pourtant d'un large succès, attesté par leurs rééditions, d'une part grâce à leurs images qui ouvrent la voie à d'autres types de lecture, mais aussi grâce à une diffusion à l'échelle de l'Europe entière, rendue justement possible par le latin. Les nombreux privilèges dont l'italien Salviani a doté son *Histoire des animaux aquatiques* (23-1558) montrent bien la large diffusion prévue : on trouve ceux du Pape Jules III, de Charles Quint, du roi de France Henri II et de Côme de Médicis, qui à eux quatre couvrent la majeure partie de l'Europe. Cette importante diffusion est encore illustrée par la répartition actuelle des livres de zoologie : les ouvrages étrangers sont très bien représentés dans les bibliothèques françaises, et les français, à l'étranger. Seuls les savants de la péninsule ibérique, résolument tournés vers les nouveaux espaces de l'ouest, paraissent relativement isolés au sein de ce courant d'échanges savants.

Au siècle suivant en revanche, les auteurs donnent souvent préférence aux langues vernaculaires et sont alors confrontés au problème des traductions de leurs ouvrages. La lettre de Van Leeuwenhoek sur les protozoaires (40-1677), rédigée en hollandais le 9 octobre 1676, est traduite en anglais par Oldenbourg, alors secrétaire de la *Royal Society*, et sera publiée à Londres dès 1677 après avoir été lue devant les membres de la société savante. Elle sera également traduite en français par Christian Huygens et publiée dans le *Journal des Savants* en 1678. On voit que le cloisonnement inhérent à l'utilisation des langues nationales est partiellement compensé par les réseaux de correspondants étrangers qu'entretiennent les nouvelles sociétés savantes.

Avec l'institutionnalisation de la science qui se met en place autour des académies, le livre cesse d'être l'unique forme de publication savante. La lettre, portant sur un sujet plus précis, destinée à un public de plus en plus spécialisé apparaît à ses côtés. Tandis que le livre garde toujours son rôle essentiel de lieu d'accumulation des connaissances, la lettre, bientôt suivie par l'article scientifique, se montre mieux adaptée à la revendication rapide de découvertes dans un contexte scientifique de plus en plus concurrentiel. Plus petites unités de lectures, les articles sont conçus pour être lus intégralement et d'un seul tenant. Ils font alors appel à une rhétorique différente de celle du livre.

Ordre du livre et classification

L'ordre dans lequel les animaux sont décrits traduit l'esprit dans lequel un livre est rédigé et le type de lecture prévu. Dans certains cas, cet ordre du livre est aussi le reflet d'une vision classifiée du monde animal. Or la période étudiée ici est particulièrement riche en systèmes de classification puisque l'on y retrouve les principales classifications antérieures, mais également l'ébauche des principes de classification modernes.

La classification aristotélicienne se caractérise à la fois par la constitution de groupes respectant le sens commun, par exemple les oiseaux ou les poissons, et par l'utilisation de plus ou moins imaginaire connu seulement par des écrits. Ses ouvrages évoquent ainsi un monde ordonné selon le verbe.

Au cours du XVIIe siècle, l'anatomie animale étant de plus en plus étudiée, de nouveaux principes de classification sont privilégiés. C'est ainsi que Thomas Willis, recherchant dans le *De anima brutorum* (**39**-1672) les organes qui permettent l'entretien de l'esprit animé des animaux de petite taille, regroupe ces derniers en genres au sein desquels il lui suffit d'examiner une seule espèce représentative. Il reprend finalement, en les complétant, les divisions des invertébrés conçues par Aristote. Ces distinctions entre animaux, fondées sur des critères anatomiques, ouvrent la voie aux classifications nouvelles.

Celles-ci deviennent concevables parce que les différents types anatomiques sont mieux connus mais aussi parce qu'un tri a été effectué entre animaux réels et imaginaires qui peuplaient indistinctement les traités de zoologie du siècle précédent. Si les classifications fondées sur le milieu de vie pouvaient intégrer facilement monstres et chimères, celles qui suivent l'anatomie exigent un examen plus profond des animaux décrits. Rapidement après son traité sur les poissons (**42**-1686) et celui sur les oiseaux, John Ray publie les *Synopsis* (**44**-1693), ouvrages de classification dans lesquels il établit un système du monde animal, fondé sur l'anatomie, qui rejoint par des divisions dichotomiques les grands groupes aristotéliciens. Ses travaux auront une grande influence au siècle suivant sur ceux de Linné qui énoncera dans la dixième édition de son *Systema Naturae* la « découverte » qu'il érige en dogme de la classification :

> La division naturelle des animaux est indiquée par la structure interne [17].

Ainsi, l'ordre des livres se transforme progressivement, évoquant différentes façons de concevoir un ordre du monde animal. Mais il est intéressant de noter qu'au delà de ces transformations se manifestent des persistances marquées, comme le vocabulaire des classes d'animaux qui ne change pratiquement pas entre Aristote et Linné. De même, quelles que soient les classifications, personne ne semble vouloir déroger à la tradition qui fait commencer les traités sur les oiseaux par l'aigle, tradition qui remonte au moins au VIIe siècle, avec Isidore de Séville.

Imprimerie et nouvelles pratiques scientifiques

Après avoir tenté de montrer l'évolution conjointe de la forme des livres de zoologie et de leur contenu, nous pensons pouvoir affirmer que les formes nouvelles du livre

---

17 « Divisio naturalis animalium ab interna structura indicantur », Linné, *Systema Naturae*, 1758, p. 11.

imprimé ont permis l'élaboration d'un nouveau type de discours savant, difficilement concevable sans elles. Peut-on affirmer pour autant que le livre imprimé révolutionne les pratiques savantes à partir de la Renaissance ?

Ce débat a déjà donné lieu à maintes réflexions. Les adversaires de la révolution arguent souvent du fait que les incunables sont de simples imitations des manuscrits, tant par la forme que par leur contenu et que, véhiculant essentiellement des textes périmés, ils auraient au contraire freiné la diffusion des idées nouvelles. Les livres présentés ici concordent bien avec le premier volet de cette analyse : effectivement, l'imprimerie a surtout diffusé des textes anciens, mais nous sommes loin de penser que cela ait entravé l'observation ou l'apparition d'idées nouvelles, bien au contraire.

En fait, la vraie rupture introduite par l'imprimerie doit peut-être être recherchée au début du XVIe siècle, lorsque le livre imprimé se libère du modèle manuscrit et trouve sa forme propre. Or, nous l'avons vu, c'est bien à ce moment-là que la pratique zoologique et le contenu des ouvrages sur les animaux évoluent très rapidement. Des auteurs émergent d'une masse anonyme, dont les noms apparaissent sur les nouvelles pages de titres, l'observation se développe en s'appuyant sur un support visuel grâce à la diffusion des représentations d'animaux, reproductibles à l'identique, et un important travail de normalisation, aussi bien des noms d'animaux que des représentations, s'accomplit au cours de la période étudiée ici. Cette normalisation du discours sur les animaux, qui se fait, nous l'avons vu, au prix d'une importante réduction du champ d'étude de la zoologie, permet ensuite le développement de l'anatomie ou de nouvelles approches de la classification. Or, cette normalisation aurait été bien plus problématique dans le cadre de la tradition manuscrite. Comment comprendre les extraordinaires innovations de la décennie 1550-1560 sans les ressources du support imprimé ?

S'il y a donc bien une révolution induite par l'imprimerie, l'essentiel de cette révolution consiste paradoxalement en une redécouverte du passé. La diffusion des textes de l'Antiquité - nous en avons évoqué l'importance et le rôle joué par l'imprimé dans cette diffusion - permet en effet une réappropriation critique des connaissances des Anciens et stimule les travaux d'observation à partir du XVIe siècle. En ces époques où les savants sont peu nombreux et dispersés dans toute l'Europe, il n'y a pas de zoologie constituée en tant que science autonome, pas de communauté savante au sein de laquelle pourraient se dérouler les controverses. Ici, la controverse est diluée dans le temps. Le livre imprimé permet une sorte de confrontation diachronique, enrichie progressivement par les apports des nouveaux arrivants, entre les auteurs anciens et les générations successives d'observateurs modernes.

Le rôle du livre est donc double. Il est l'aboutissement du travail savant, l'étape ultime de l'élaboration d'un discours, qui, cristallisé par l'opération typographique, est ensuite soumis à la critique. Mais, second aspect souvent oublié, le livre est aussi la source principale du travail zoologique, le dictionnaire qu'utilise le savant pour déchiffrer la nature qu'il observe. Le travail des zoologistes peut donc être interprété comme un perpétuel va-et-vient entre observations de la nature et consignation de ces observations dans les livres, support d'accumulation où se fixent les connaissances nouvelles. Ce va-et-vient trouve sa plus belle illustration dans la gravure de l'*Hortus sanitatis* représentant trois savants qui, livres en main, montrent du doigt les animaux qu'ils observent. (Voir p. 28.) Cette image nous entraîne bien loin du poncif de l'histoire des sciences qui oppose traditionnellement l'étude des livres à l'observation de la nature.

Une analyse matérielle du livre de zoologie apporte, nous semble-t-il, un riche éclairage à qui veut comprendre les pratiques zoologiques de la Renaissance ou du XVIIe siècle. Les acquis récents de l'histoire du livre laissent ainsi apparaître de fructueuses perspectives dans le champ de l'histoire des sciences.

LA MISE EN COULEUR DU LIVRE DE ZOOLOGIE

PLANCHE I

Les premiers imprimés sortant des presses sont encore des produits semi-finis. L'exemplaire de la bibliothèque Sainte-Geneviève a été enluminé comme un manuscrit. Celui de la bibliothèque Mazarine en revanche n'est pas mis en couleur : cela le rend illisible puisqu'il faut deviner la première lettre de chaque paragraphe.

PLINIVS secundus nouocomensis equestribus militiis industriȩ functus: procurationes quoq; splendidissimas atq; continuas summa integritate administrauit. Et tamen liberalibus studiis tantam operam dedit: ut non temere qs plura inotio scripserit. Itaq; bella omnia quȩ umdiq; cum romanis gesta sunt. xxxvii. uoluibus comprȩhendit. Itē naturalis historiȩ. xxxvii. libros absoluit. Periit gadis campaniȩ. Nam cum misenēsi classi prȩesset & flagrante Vesuuo: ad explorandas propius causas liburnicas prȩtendisset: neq; aduersantibus uentis remeare posset: ui pulueris ac fauillȩ oppressus est: uel ut quidam existimant a seruo suo occisus: quē deficiens ȩstu ut necem sibi maturaret orauerat. hic in his libris. xx. milia rer; dignar; ex lectione uoluminū circiter duum milium cōplexus est. Primus aūt liber quasi index. xxxvi. libror; sequentium consumationem totius operis & species continet titulor;.

[L]IBROS NATVRALIS HISTORIAE nouitiū camȩnis qritiū tuor; opus natū apud me proxima fȩtura licentiore epistola narrare cōstitui tibi iocūdissime imperator. Sit enim hȩc tui prȩfatio uerissima: dūm maximē consenescit i patre. Namq; tu solebas putare esse aliqd meas nugas: ut obicere moliar Catullum conterraneū meum: agnoscis & hoc castrēse uerbum: ille enim: ut scis: pmutatis prioribus syllabis duriusculum se fecit q̄ uolebat existimari a uernaculis tuis & famulis. Simul ut hac mea petulantia fiat: q proxime non fieri questuses in alia procaci epistola nostra: ut in quȩdam acta exeant. Sciantq; omnes q̄m exȩquo tecum uiuat iperium: triumphalis & censorius tu sexiesq; cōsul ac tribunitiȩ potestatis particeps: et q iis nobilius fecisti: dū illud patri pariter & equestri ordini prȩstas prȩfectus prȩtorii eius: omniaq; hȩc rei publicȩ: et nobis quidē qualis incastrēsi contubernio. Nec qcq̄ mutauit ite fortunȩ amplitudo in his: nisi ut prodesse tantundē posses ut uelles. Itaq; cū cȩteris iueneratione tui pateant omnia illa: nobis adcolēdum te familiarius audatia sola supest. Hanc igit tibi imputabis: et in nostra culpa tibi ignosces. Perfricui faciē: nec tamē profeci quoniam alia uia occurris: igens & longius etiam summoues igētibus fascibus fulgōrat in nullo unq̄ uerius dicta uis eloquētiȩ tribunitiȩ potestatis facundiȩ: q̄to tu ore patris laudes tonas: q̄to fratris amas: q̄tus ipoetica es. O magna fȩcunditas animi quēadmodum frēm quoq; imitareris excogitasti: sed hȩc quis possȩt itrepidus extimare subiturus igenii tui iuditiū prȩsertim lacessitum. Neq; eim similis ē conditio publicantium & noiatim tibi dicantiū. Tum possem dicere qd ista legis iperator humili uulgo scripta sunt agricolar; opificum turbȩ deniq; studior; ociosis quid te iudicē facis: quia hanc operam cum dicerē nō eras in hoc albo: maiorem te sciebam: quam ut descensurum huc putarem. Prȩterea est quȩdam publica etiam eruditor; reiectio: utitur illa: et M. Tullius extra oēm ingēs italiam positus, etq; miremur per aduocatum defendit hȩc doctissimum ōnium Persium hoc legere uolo Lelium Congium uolo. Q si hoc Lucilius qui primus condidit stili nasum legerit quasi abusionem & uituperationē reputabit: primus enim satyricum carmen conscripsit i quo utiq; uituperatio uniuscuiusq; continet. Nasum autē dixit quasi uituperationis signū uel maxime naso declarandum dicendumq; ē: si aduocatum sibi putauit Cicero mutuandum prȩsertim cum de re publica scriberet quanto nos cautius ab aliquo iudicē defendimur.

Pline l'Ancien,
Historia naturalis,
Venise 1469
BSG[Œ XV 10.

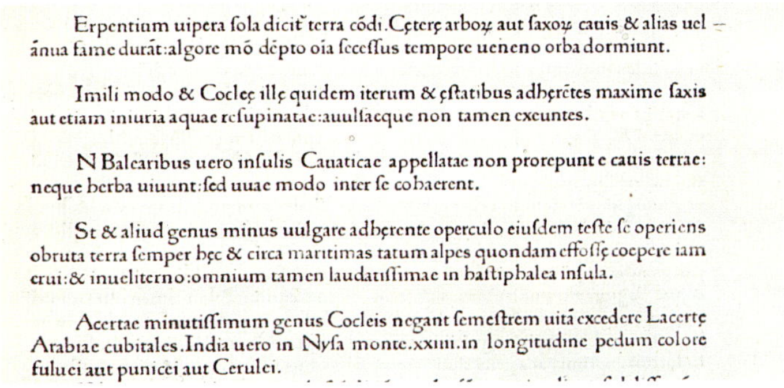
Erpentium uipera sola dicit terra cōdi. Cȩterȩ arbor; aut saxor; cauis & alias uel ānua fame durāt: algore mō dēpto oia secessus tempore ueneno orba dormiunt.

Imili modo & Coclȩ illȩ quidem iterum & ȩstatibus adhȩrētes maxime saxis aut etiam iniuria aquae resupinatae: auulsaeque non tamen exeuntes.

N Balearibus uero insulis Cauaticae appellatae non prorepunt e cauis terrae: neque herba uiuunt: sed uuae modo inter se cohaerent.

St & aliud genus minus uulgare adhȩrente operculo eiusdem teste se operiens obruta terra semper hȩc & circa maritimas tatum alpes quondam effossȩ coepere iam erui: & inueliterno: omnium tamen laudatissimae in bastiphalea insula.

Acertae minutissimum genus Cocleis negant semestrem uitā excedere Lacertȩ Arabiae cubitales. India uero in Nysa monte. xxiiii. in longitudine pedum colore fuluei aut punicei aut Cerulei.

Idem,
Maz[Inc 11.

PLANCHE II

L'enluminure a également une évidente fonction décorative.

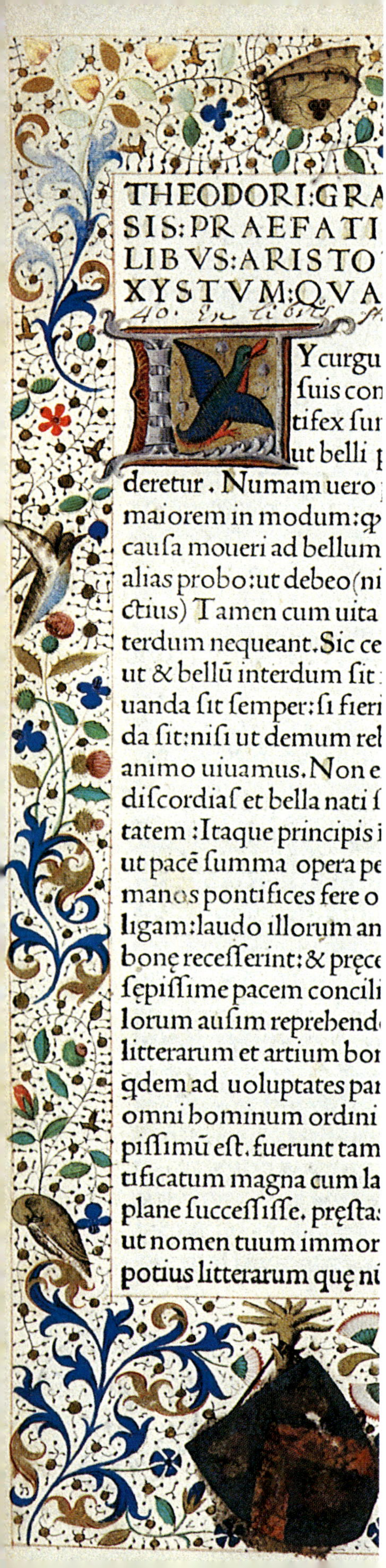

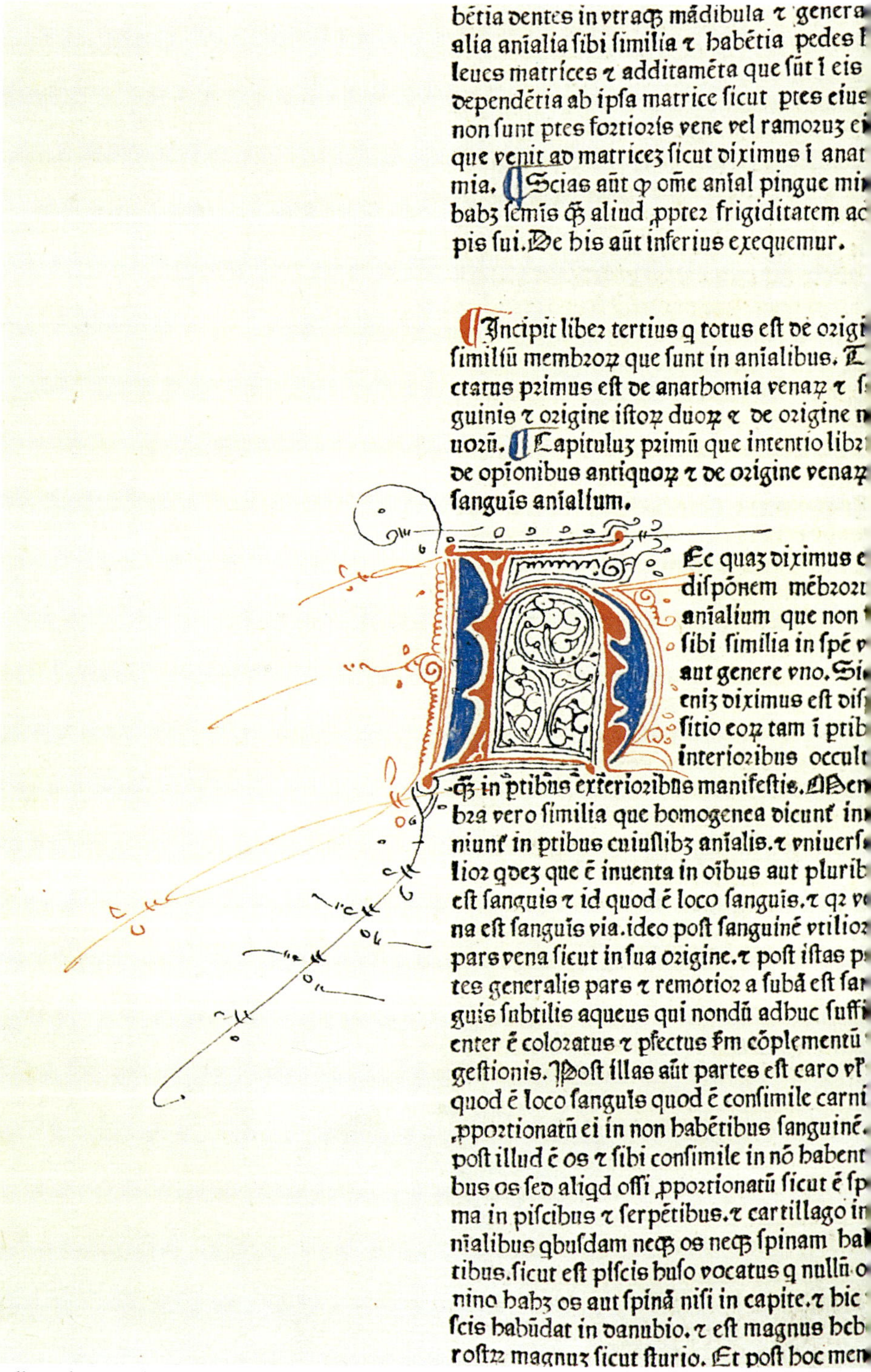

Albert le grand, *De animalibus*, Mantoue, 1479 Mus[Fol. rés. 154.

Aristote,
De animalibus,
Venise, 1476
BSG[Œ XV 181.

PLANCHE III

Les gravures sur bois peuvent être colorées. L'utilisation de l'aquarelle permet de laisser apparaître les traits par transparence. Certains livres de zoologie peuvent ainsi être lus comme de splendides albums d'images.

Hortus sanitatis, Strasbourg, vers 1497 Mus[4°rés. 7.

C. Gesner, *Historia animalium liber I*, 1551 Mus[Y³123.

PLANCHE IV

P. Belon,
Histoire de la nature des oiseaux,
Paris, 1555
Maz[rés. 4021.

La mise en couleur, qui se fait souvent à l'initiative des possesseurs des livres peut modifier la perception de l'image. Dans l'exemplaire de la bibliothèque de Tours, la sarcelle est colorée comme un canard col-vert, ce n'est plus le même animal.

Idem,
Tours, Bibliothèque Municipale,
[rés. 7059.

Une anthologie

I - L'univers des Anciens

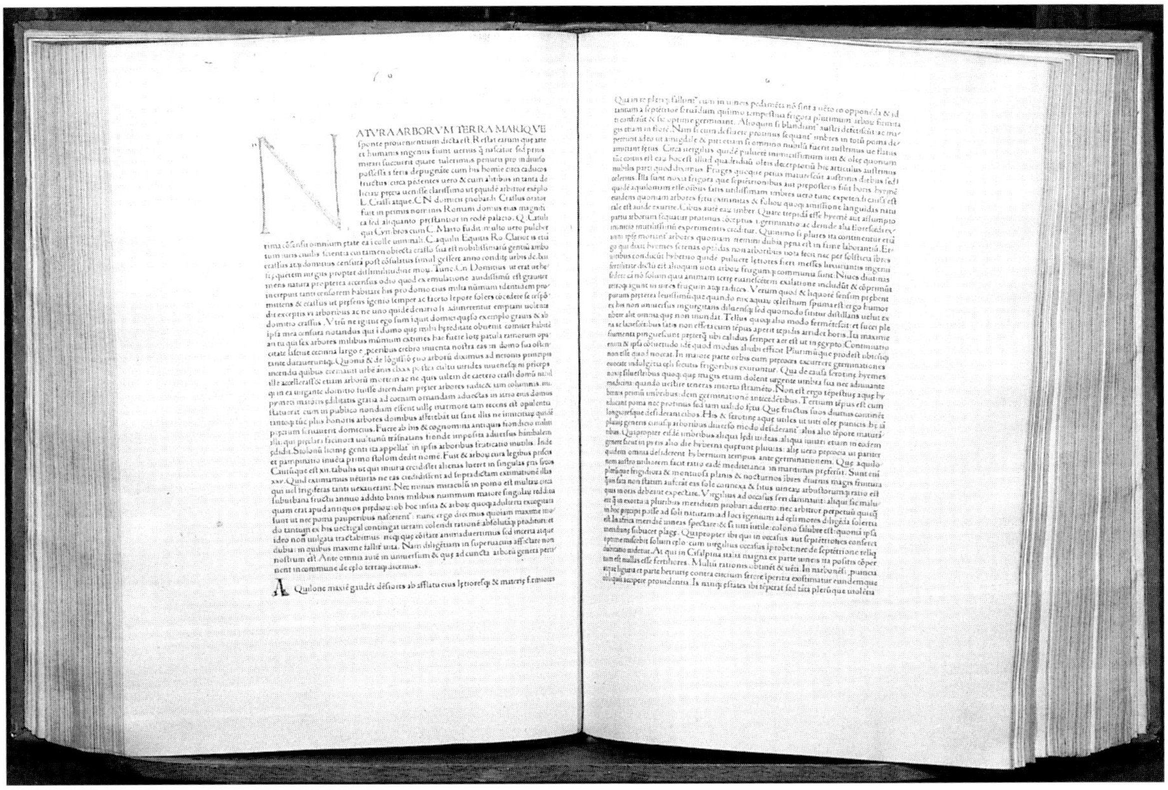

NATVRA ARBORVM TERRA MARIQVE

Début d'un nouveau livre. Le texte de Pline est ici donné à l'état brut : ni les livres, ni les pages ne sont numérotés.

1. PLINE L'ANCIEN : *c.* 23 -79.

Historia naturalis, libri 37. — Venise, J. de Spire, 1469. — 2°, 710 p.
[HC 13 087 ; CIBN P-457]

Edition originale, en un seul volume, de la plus vaste encyclopédie de l'Antiquité. Ses hautes fonctions administratives et militaires ne laissèrent pas à Pline le loisir d'observer, mais il consacra ses longues soirées à la lecture de ses prédécesseurs : il cite ainsi plus de 400 sources.

Dans les livres sur les animaux, on retrouve une forte influence d'Aristote, même si Pline impose son propre style, plus narratif qu'explicatif, et son goût pour le merveilleux. L'*Histoire Naturelle* bénéficie d'une audience extraordinaire lors de la Renaissance, comme l'atteste une centaine d'éditions, dont 19 incunables.

L'édition décrite a été imprimée avec un seul jeu de caractères, sans lettres d'attente. Toute la mise en page repose donc sur le travail d'enluminure. On peut s'en convaincre en consultant l'exemplaire de la bibliothèque Mazarine que l'absence d'enluminure rend pratiquement illisible. Il manque en effet la première lettre de chaque paragraphe dont le premier mot, souvent un nom d'animal, est alors difficile à reconstituer. (Voir planche 7.)

Notons enfin l'absence de pagination et de numérotation des livres qui ne permet pas de repérer des passages. Aucune des éditions incunables ne contient de gravures, mais certains exemplaires sont enluminés avec un cycle d'illustrations provenant des manuscrits. Cet exemplaire est bien représentatif des débuts de l'imprimerie : le typographe se contente de reproduire mécaniquement le travail du copiste et le livre issu de ce travail est encore un objet semi-fini.

BSG[Œ XV 10 (et Maz[Inc 11).

Bibl. : Petit & Théodoridès, p. 120-132 ; Stillwell, n° 684 ; PMM, n° 5 ; A. Labarre, « Diffusion de l'*Historia Naturalis* de Pline au temps de la Renaissance », *Festschrift für Clauss Nissen*, Wiesbaden, 1973, p. 451-470 ; L. Bodson, *Aspects of Pliny's zoology, p. 98-110 in Science in the early Roman Empire : Pliny the Elder, his sources and influence*, R. French & F. Greenaway ed., Londres, Croom Helm, 1986 ; M. Beagon, *Roman nature, the thought of Pliny the Elder*, Oxford, Clarendon Press, 1992.

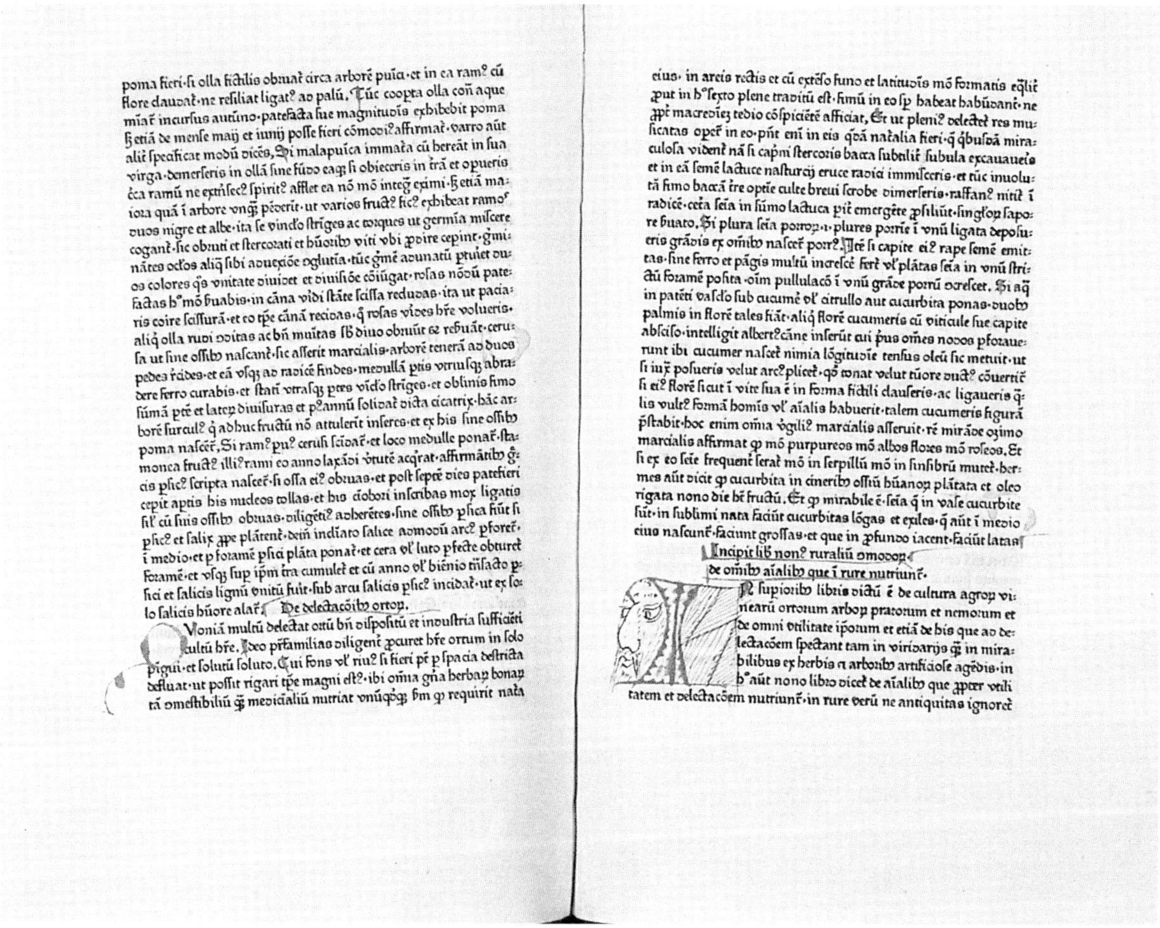

Début du livre 9 qui traite des animaux domestiques. Un lecteur irrespectueux a enjolivé la lettrine d'un dessin à la plume.

2. CRESCENZI (Pietro de) : 1230 - *c.* 1305.

Ruralium commodorum libri XII. — Augsbourg, J. Schussler, 1471. — 2°, non pag.
[Hain 5 828]

L'un des rares exemplaires conservés de l'édition originale du traité d'agriculture composé vers 1306 par Pietro de Crescenzi. Les deux livres consacrés aux animaux peuvent être considérés comme un essai de « zoologie agricole ». Le livre 9 explique comment élever et entretenir des animaux domestiques, et détaille leurs maladies et les différents remèdes. Il parle également d'animaux comme les poissons, le paon ou les abeilles. Quant au livre 10, consacré à la chasse et à la fauconnerie, il explique par exemple comment capturer un éléphant, un ours, ou bien une souris !
La principale originalité de ce traité vient du caractère très pratique des connaissances proposées, Crescenzi ayant lui-même expérimenté les techniques décrites sur son propre domaine, dans la région de Bologne. Les références aux auteurs de l'Antiquité (Caton, Varron, Palladius et Columelle) sont assez peu nombreuses. On peut s'interroger sur les lecteurs de cette œuvre très souvent rééditée. Ce ne sont sûrement pas des paysans, mais probablement des seigneurs curieux de savoir ce qu'il se passe sur leurs terres ou des lecteurs humanistes intéressés par l'aspect concret du texte de Crescenzi.
Dans cette édition, la mise en page est soulignée par des marques de couleur : lettrines enluminées (au début des livres) et majuscules renforcées en rouge. Dans les éditions plus tardives, les changements de chapitres sont marqués par des gravures dont certaines sont inspirées de celles de l'*Hortus sanitatis* (9).

BSG[Œ XV 81.
Nombreuses éditions et traductions (italien, français, anglais et allemand).

Bibl. : Choulant, p. 94-99 ; Stillwell, n° 615 ; *Pier de Crescenzi, Studi e documenti*, Bologne, 1933 ; A. Sorbelli, *Biliographia delle edizioni dell'opera di Pier de Crescenzi*, Bologne, 1933 ; R.G. Calkins, « Piero de Crescenzi and the medieval garden », *Medieval Garden*, Washington, Dumbarton Oaks, 1986, p. 155-174.

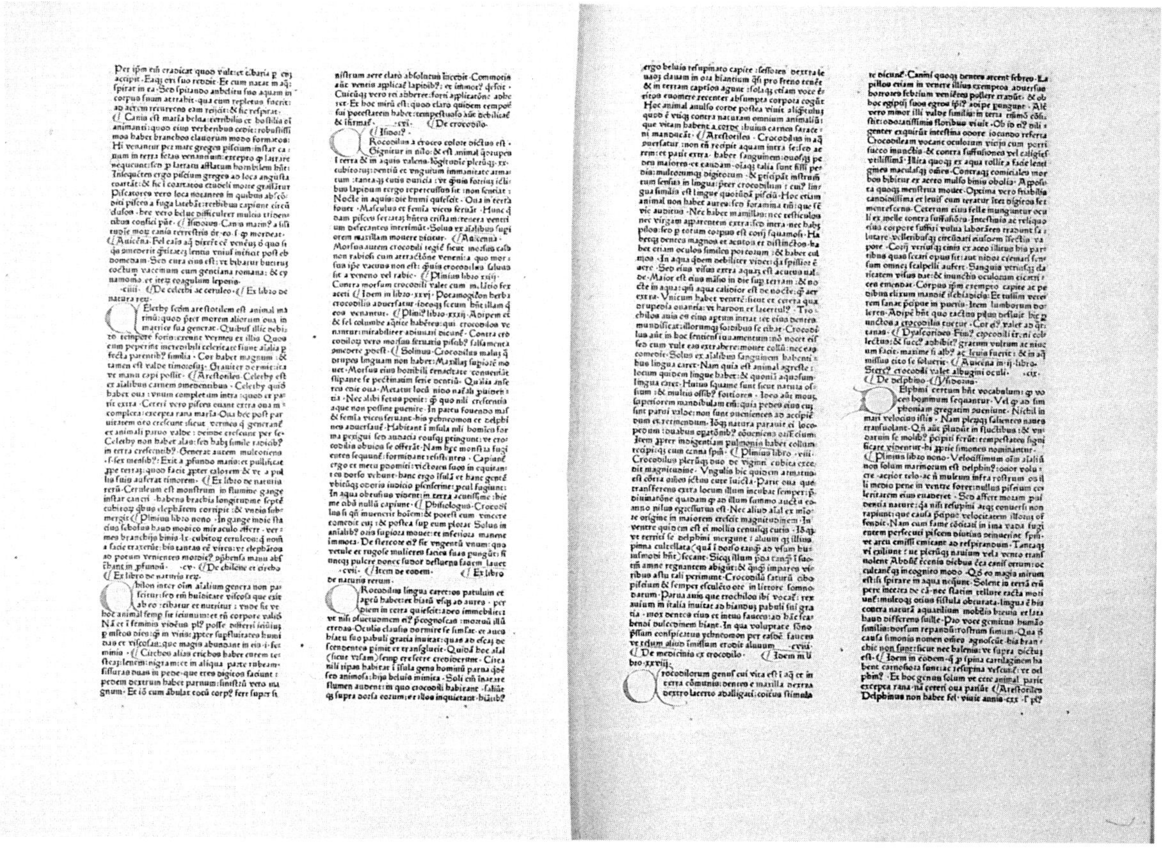

Le crocodile et le dauphin se trouvent ici réunis par leur commune appartenance au monde aquatique et par leur proximité dans l'ordre alphabétique.

3. VINCENT DE BEAUVAIS : *c.* 1199 - *c.* 1265.

Speculum naturale. — Strasbourg, J. Mentelin, c. 1473. — 2 vols., gd. 2°, non pag. [Manque à la BN]

Cet énorme livre est probablement l'édition originale du *Miroir de la Nature*, deuxième volet de la grande encyclopédie de Vincent de Beauvais, le *Speculum majus.* Ce nom indique la volonté de présenter tout ce qui est digne de la pensée (*speculatio*). Rédigé vers 1260 par une équipe de dominicains, sur commande du prieur du couvent de Paris, cette œuvre donne une bonne image de la vision du monde d'un dominicain du XIIIe siècle. Le succès dont elle bénéficie à la Renaissance invite à s'y intéresser plutôt que de la condamner pour son manque d'esprit critique.
Le plan de l'ouvrage retrace les étapes de la Création, en suivant fidèlement le texte de la *Genèse*. Les livres 17 à 23 consacrés aux animaux commencent donc par les oiseaux. Dans chacun des grands groupes de cette « classification biblique », les animaux sont présentés par ordre alphabétique. Dans le livre consacré aux animaux aquatiques, le crocodile précède ainsi le dauphin.
Le contenu des chapitres est repris des auteurs anciens (Aristote, Pline, ...) ou de textes plus récents comme le *Physiologus* ou les œuvres d'Albert le grand (7), auxquels Vincent de Beauvais ajoute enfin ses commentaires personnels. La mise en page est proche de celle de l'édition de Pline (1).

 Nombreuses éditions incunables, traduction française.

Bibl. : Petit & Théodoridès, p. 157 ; Stillwell, n° 712 ; L. Thorndike, *History of magic and experimental science*, N.Y., 1923, t. II, p. 457-476.

4. MEGENBERG (Konrad von) : milieu du XIVe siècle.

Buch der Natur. — Augsbourg, H. Bämler, 1475. — pet. 2°, 586 p., ill.
[Hain 4 041 ; manque à la BN]

Premier livre scientifique imprimé comportant des représentations d'animaux. Après un premier chapitre sur la nature de l'homme et un deuxième sur les étoiles et planètes, cette encyclopédie naturelle consacre six chapitres aux animaux, trois aux plantes, un aux pierres et un dernier aux races humaines monstrueuses, soit un total de 12 chapitres, débutant chacun par une grande planche.

La division des animaux en six groupes sort des divisons habituelles : on trouve successivement les quadrupèdes terrestres, les oiseaux, les animaux marins prodigieux (*Mörwundern*), les poissons, les serpents et autres *vergistern Tiern*, et les invertébrés, appelés « vers ». Adaptation allemande de l'encyclopédie de Thomas de Cantimpré (1186-1263), le *Buch der Natur* introduit ce texte dans la tradition germanique d'histoire naturelle qui aboutira à la publication de l'*Hortus sanitatis* (9).

Le premier chapitre sur les animaux débute par une introduction terminée par l'annonce de l'usage de l'ordre alphabétique. Ici encore, ce sont les noms latins qui priment. On trouve dans ce livre un style d'illustration proche de celui de l'*Hortus sanitatis*, traduisant une influence ou peut-être des sources communes.

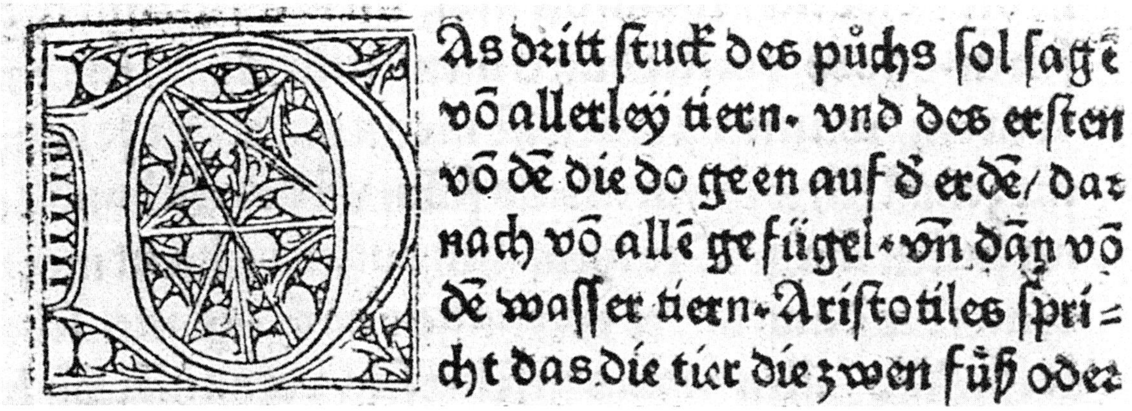
Das dritt stuck des puchs sol sagẽ
vō allerley tiern. vnd des ersten
vō dẽ die do geen auf d' erdẽ/ dar
nach vō allẽ gefügel. vñ dañ vō
dẽ wasser tiern. Aristotiles spri=
cht das die tier die zwen füß oder

BNU[K 1004. 5 autres éditions incunables.

Bibl. : Choulant, p. 99-122 ; *D'après Nature,* p. 54-55 ; Stillwell, n° 614 ; G. Keil, « Hortus sanitatis, Garten der Gesundheit, Garde der Sunthede », *Medieval Garden*, Washington, Dumbarton Oaks, 1986, p. 55-68.

Gravure du début du 3e livre : animaux terrestres (lxvi v.- lxvii r.).

5. ARISTOTE : 384 - 322 avant J.-C.

De animalibus, latine, interprete Theodoro Gaza. — Venise, Jean de Colonia, 1476. — 2°, 500 p. [Hain 1 699]

Première édition des traités biologiques d'Aristote, regroupant l'*Histoire des animaux*, les *Parties des animaux* et *La Génération des animaux*. Ce livre est le premier ouvrage imprimé portant uniquement sur les animaux.

Les notes manuscrites de cet exemplaire (certaines sont en grec), révèlent une lecture savante, qui témoigne de la grande importance d'Aristote dans la pensée zoologique. En effet, son œuvre riche en données d'observation et en tentatives d'explications causales ou de classification, reste une référence incontournable jusqu'à l'époque de Linné.

Cette édition est tout à fait représentative d'une mise en page d'incunable : absence de page de garde et de pagination, texte dense et uniforme, découpage des chapitres peu apparent dans la typographie. Rien ne permet, par exemple, de repérer un passage précis. Les *anatomia*, planches auxquelles se réfère Aristote, ayant été perdues, les éditions de l'œuvre du philosophe grec sont, comme la grande majorité des textes des Anciens, dépourvues d'illustrations.

Quant à la version grecque de ce texte, elle ne paraîtra qu'au cours des années 1495-1498 dans l'édition bilingue de l'œuvre intégrale d'Aristote publiée par Alde Manuce. Nous retrouvons ici la très grande prépondérance de Venise pour l'édition des textes savants au XVe siècle.

Nombreuses autres éditions.

Bibl. : Petit & Théodoridès, p. 64-86 ; Stillwell, n° 573 ; Pierre Pellegrin, *La classification des animaux chez Aristote*, Paris, Les Belles Lettres, 1982 ; Michael Boylan, *Method and practice in Aristotle's biology*, Washington DC, University Press of America, 1983 ; Anthony Preus : *Science and philosophy in Aristotle's biological works*, Hildesheim, Olms, 1975 ; *Aristotle, on nature and living things, philosophical and historical studies, presented to David M. Balme on his seventieth birthday,* A. Gotthelf ed., Pittsburgh Penn., Mathesis, 1985.

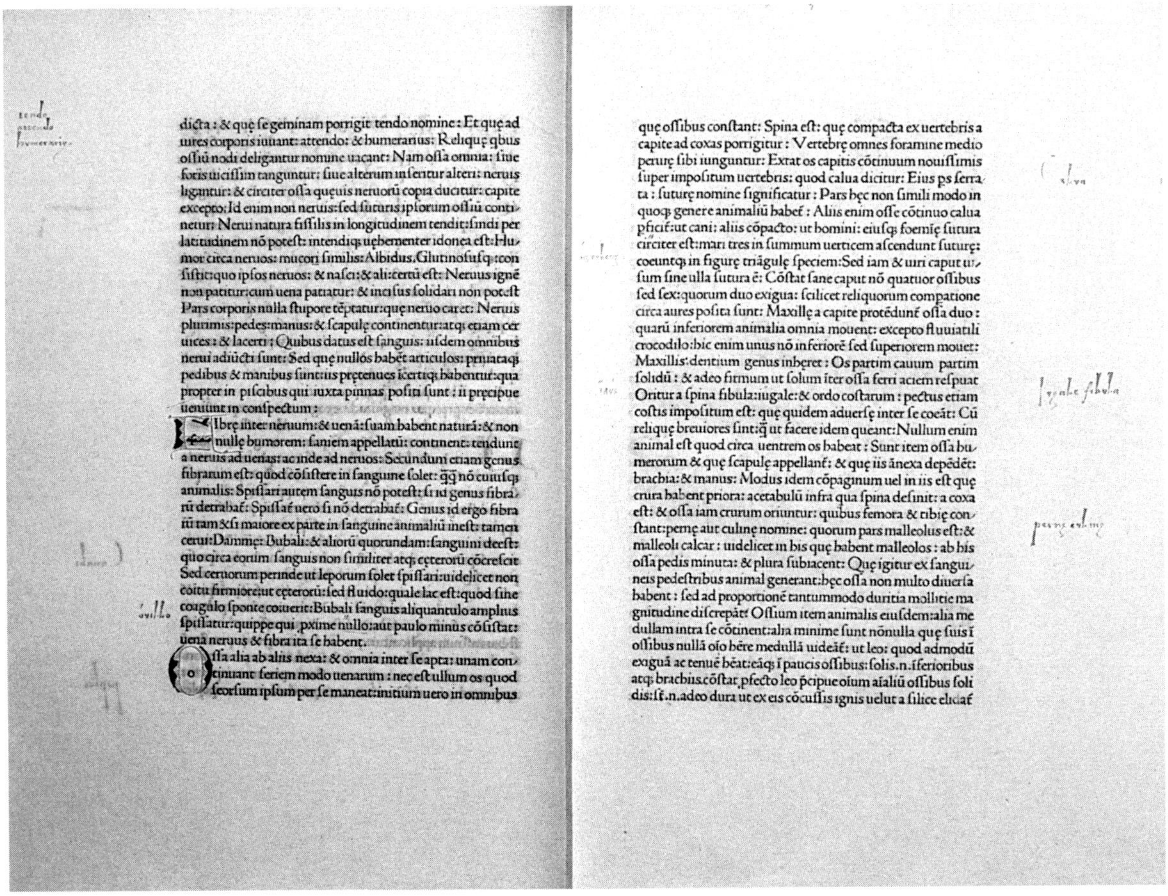

dicta : & quę se geminam porrigit tendo nomine : Et quę ad
uires corporis iuuant: attendo: & humerarius: Reliquę qbus
ossiū nodi deligantur nomine uacant: Nam ossa omnia: siue
foris uicissim tanguntur: siue alterum inseritur alteri: neruis
ligantur: & circiter ossa quęuis neruorū copia ducitur: capite
excepto: Id enim non neruis: sed suturis ipsorum ossiū conti-
netur: Nerui natura fissilis in longitudinem tendit: findi per
latitudinem nō potest: intendiq; uehementer idonea est: Hu-
mor circa neruos: mucori similis: Albidus. Glutinosusq; con
sistit: quo ipsos neruos: & nasci: & ali: certū est: Neruus ignē
non patitur: cum uena patiatur: & incisus solidari non potest
Pars corporis nulla stupore tēptatur: quę neruo caret: Neruis
plurimis: pedes: manus: & scapulę continentur: atq; etiam cer
uices : & lacerti ; Quibus datus est sanguis: iisdem omnibus
nerui adiūcti sunt: Sed quę nullos habēt articulos: priuataq;
pedibus & manibus sunt: iis prętenues īcertiq; habentur: qua
propter in piscibus qui iuxta pinnas positi sunt : ii pręcipue
ueniunt in conspectum :

Ibrę inter neruum: & uenā: suam habent naturā : & non
nullę humorem: saniem appellatū: continent: tendunt
a neruis ad uenas: ac inde ad neruos: Secundum etiam genus
fibrarum est: quod cōsistere in sanguine solet: q̄q̄ nō cuiusq;
animalis: Spissari autem sanguis nō potest: si id genus fibra-
rū detrahat: Spissat uero si nō detrahat: Genus id ergo fibra
rū tam & si maiore ex parte in sanguine animaliū inest: tamen
cerui: Dammę: Bubali: & aliorū quorundam: sanguini deest:
quo circa eorum sanguis non similiter atq; cęterorū cōcrescit
Sed ceruorum perinde ut leporum solet spissari: uidelicet non
coitu firmiore: ut cęterorū: sed fluido: quale lac est: quod sine
coagulo sponte coiuerit: Bubali sanguis aliquantulo amplius
spissatur: quippe qui ꝓxime nullo: aut paulo minus cōsistat:
uenā neruus & fibra ita se habent.

O ssa alia ab aliis nexa: & omnia inter se apta: unam con-
tinuant seriem modo uenarum : nec est ullum os quod
seorsum ipsum per se maneat: initium uero in omnibus

quę ossibus constant: Spina est: quę compacta ex uertebris a
capite ad coxas porrigitur : Vertebrę omnes foramine medio
peruię sibi iunguntur: Extat os capitis cōtinuum nouissimis
super impositum uertebris: quod calua dicitur: Eius ps serra-
ta : suturę nomine significatur : Pars hęc non simili modo in
quoq; genere animaliū habet : Aliis enim osse cōtinuo calua
ꝑficit: ut cani: aliis cōpacto: ut homini: eiusq; foemię sutura
circiter est: mari tres in summum uerticem ascendunt suturę:
coeuntq; in figurę triāgulę speciem: Sed iam & uiri caput ui-
sum sine ulla sutura ē: Cōstat sane caput nō quatuor ossibus
sed sex: quorum duo exigua: scilicet reliquorum compatione
circa aures posita sunt: Maxillę a capite protēdunt ossa duo :
quarū inferiorem animalia omnia mouent: excepto fluuiatili
crocodilo: hic enim unus nō inferiorē sed superiorem mouet:
Maxillis: dentium genus inhęret : Os partim cauum partim
solidū : & adeo firmum ut solum īter ossa ferri aciem respuat
Oritur a spina fibula: iugale: & ordo costarum : pectus etiam
costis impositum est: quę quidem aduersę inter se coeāt: Cū
reliquę breuiores sint: q̄ ut facere idem queant: Nullum enim
animal est quod circa uentrem os habeat : Sunt item ossa hu-
merorum & quę scapulę appellant: & quę iis ānexa depēdēt:
brachia: & manus: Modus idem cōpaginum uel in iis est quę
crura habent priora: acetabulū infra qua spina desinit: a coxa
est: & ossa iam crurum oriuntur: quibus femora & tibię con-
stant: pernę aut culinę nomine: quorum pars malleolus est: &
malleoli calcar : uidelicet in his quę habent malleolos : ab his
ossa pedis minuta: & plura subiacent: Quę igitur ex sangui-
neis pedestribus animal generant: hęc ossa non multo diuersa
habent : sed ad proportionē tantummodo duritia mollitie ma
gnitudine discrepāt: Ossium item animalis eiusdem: alia me
dullam intra se cōtinent: alia minime sunt nōnulla quę suis ī
ossibus nullā oīo hēre medullā uideāt: ut leo: quod admodū
exiguā ac tenuē hēat: eāq; ī paucis ossibus: solis. n. īferioribus
atq; brachiis cōstat, ꝓfecto leo ꝑcipue oīum aīaliū ossibus soli
dis: sī. n. adeo dura ut ex eis cōcussis ignis uelut a silice eliciat

Texte avec notes manuscrites (33 v°-34 r°).

6. OPPIEN (DE CILICIE) : *c.* 150 - *c.* 180.

Halieutica, sive de piscatu. Trad. ***Laurentius Lippius.*** — Colle Val d'Elsa, Bono Gallo, 1478. — 4°, 128 p.
[HC 12015 ; CIBN O-30]

Première édition (latine) d'un poème grec sur la pêche dont la version originale ne paraîtra qu'en 1515. Oppien de Cilicie (que l'on distingue de l'autre Oppien, auteur des *Cynégétiques*) y décrit avec poésie le mode de vie des poissons et les techniques de pêche.

Relativement préservé de l'influence aristotélicienne, ce texte tardif introduit de nombreux détails originaux sur les animaux aquatiques. Oppien raconte par exemple que les dauphins sont des hommes retournés au milieu aquatique, et explique ainsi leur philanthropie bien connue.

Si l'intérêt de ce texte nous paraît surtout littéraire, il est pourtant considéré par les humanistes comme un texte savant et c'est à ce titre qu'il est édité si tôt. Oppien reste l'un des auteurs les plus cités dans les ouvrages du XVIe siècle concernant les poissons. On le retrouve ainsi très bien placé dans le magnifique tableau des auteurs anciens réalisé par Salviani (23). (Voir aussi introduction p. 21.)

Cette édition qui se distingue par son format réduit (dû à la petite taille du texte) est augmentée d'une vie d'Oppien et d'un distique sur les poissons rédigés par le traducteur. Notons enfin les lettres d'attente, qui permettent la lecture du livre en l'absence de lettrines colorées.

Bibl. : Petit & Théodoridès, p. 100-105 ; Stillwell, n° 680 ; Th. Ory, « Oppien naturaliste, les invertébrés dans les Halieutiques », *Journal for the History and Philosophy of the Life Sciences*, 1985, p. 71-85.

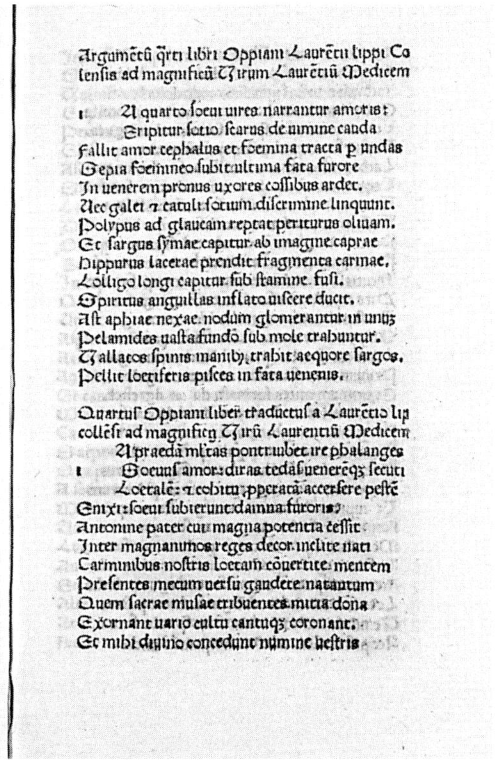
Argumētū q̄rti libri Oppiani Laurētii lippi Co
lensis ad magnificū Virum Laurētiū Medicem

i Q quarto socii uires narrantur amoris:
Sripitur socio scarus de uimine cauda
Fallit amor cephalus et foemina tracta p̄ undas
Sepia foeminneo subit ultima fata furore
In uenerem pronus uxores cossibus ardet.
Nec galei ꝛ catuli socium discrimine linquunt.
Polypus ad glaucam reptat periturus oliuam.
Et sargus symae capitur ab imagine caprae
hippurus lacerae prendit fragmenta carinae.
Lolligo longi capitur sub stamine fusi.
Spiritus anguillas inflato uiscere ducit.
Ast aphiae nexae nodum glomerantur in unūꝫ
Pelamides uasta fundō sub mole trahuntur.
Vallatos spinis manibꝫ trahit aequore sargos.
Pellit loetiferis pisces in fata uenenis.

Quartus Oppiani liber traductus a Laurētio lip
collēsi ad magnificū Virū Laurentiū Medicem
Q praedā mītas ponti iubet ire phalanges
i Socius amor: diras tedas uenereq̄ꝫ secuti
Loetalē: ꝛ cohitu ꝓperatā: accersere pestē
Enixi: socii subierunt damna furoris:
Antonine pater cui magna potentia cessit
Inter magnanimos reges decor inclite nati
Carminibus nostris loetam cōuertite mentem
Presentes mecum uersu gaudete natantum
Quem sacrae musae tribuentes mitia dona
Exornant uario cultu cantuq̄ꝫ coronant:
Et mihi diuino concedunt numine uestris

La mise en page d'un poème : début du livre IV, précédé d'un argumentum en vers.

7. ALBERT LE GRAND : 1193 - 1280.

De animalibus. — Mantoue, J. de Butschbach, 1479. — Gd. 2°, 602 p.
[Hain 546]

Deuxième édition du vaste traité zoologique achevé vers 1270 par le dominicain Albert le grand. Les 19 premiers livres suivent le plan des 19 livres zoologiques d'Aristote, à partir d'une traduction latine exécutée sur des versions arabes.

Les 7 autres, qui proposent une liste des animaux connus au XIIIe siècle, répartis selon leur milieu de vie, s'inspirent de l'œuvre de Thomas de Cantimpré, rédigée entre 1230 et 1250. On y retrouve une nette influence de Pline. Mais Albert le grand apporte son propre style, ses commentaires, ainsi que des observations nouvelles, comme les passages dans lesquels il décrit la pêche à la baleine (inconnue des Anciens) à partir de récits de pêcheurs basques. Il se permet même de réfuter certaines affirmations d'Aristote, sur la base d'expériences personnelles. Cette importance accordée à l'observation le distingue de ses contemporains Thomas de Cantimpré, Vincent de Beauvais (3) ou Barthélemy l'Anglais. L'œuvre d'Albert le grand, particulièrement importante, peut être considérée comme le fruit de la diffusion des connaissances d'Aristote en Europe occidentale au cours du XIIIe siècle. Elle reste abondamment citée par les savants du XVe siècle.

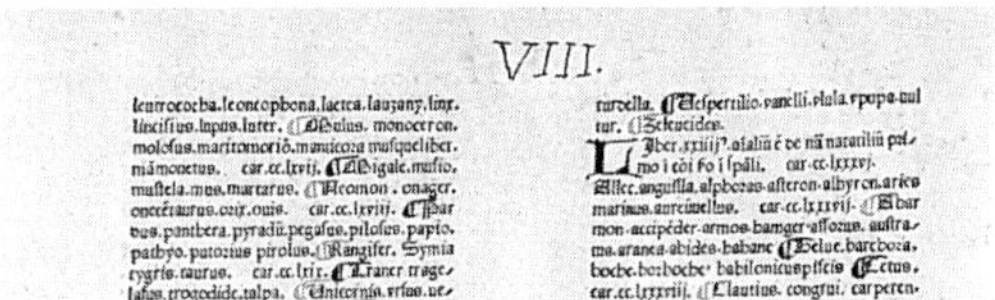
VIII.

Fin de la table des matières, avec des repères colorés alternativement rouges et bleus.

Mus[Fol res 154.
Première édition : Rome, 1478 (BN[Rés R 92).

Bibl. : Petit & Théodoridès, p. 157-164 ; Stillwell, n° 566 ; PMM, n° 17 ; H. Balss : *Albertus Magnus als Biologe*, Stuttgart, Wissenschaftliche Verlagsgeselschaft, 1947 ; J.A. Weishelp (ed.), *Albertus Magnus and the sciences : commemorative essays*, Toronto, Pontifical Institute of Mediaeval Studies, 1980.

8. BREYDENBACH (Bernard de) : ? - 1497

Peregrinatio in terram sanctam, ... — Mayence, E. Reuwich, 1486. — 2°, 296 p., ill.
[HC 3956]

Edition latine originale. Doyen du chapitre de la cathédrale de Mayence, Breydenbach effectua vers 1484 un voyage en Terre Sainte dont il rapporta la matière de cet ouvrage. Il se fit accompagner par son imprimeur, le peintre Reuwich qui réalisa les illustrations du livre.
Il décrit ici les pays traversés, en s'intéressant particulièrement à la géographie et aux habitants. On trouve d'extraordinaires vues de villes, imprimées sur plusieurs feuilles collées bout à bout. Celle de Venise mesure ainsi plus d'un mètre cinquante ! Décrivant les peuplades des régions traversées, Breydenbach donne souvent des représentations de leurs alphabets.
Le livre nous intéresse surtout pour cette unique planche d'animaux, qui propose la première représentation imprimée de la girafe, ainsi qu'une licorne, un crocodile, ..., avec une légende certifiant que ces animaux ont bien été représentés d'après nature. Ces reproductions seront largement diffusées par la suite et Linné lui-même s'interrogera sur l'identité du singe qui conduit le chameau.
Notons enfin que cette œuvre est éditée du vivant de son auteur : pour la première fois dans le domaine de la zoologie, l'auteur est en mesure d'exercer un droit de regard sur l'impression de son travail.

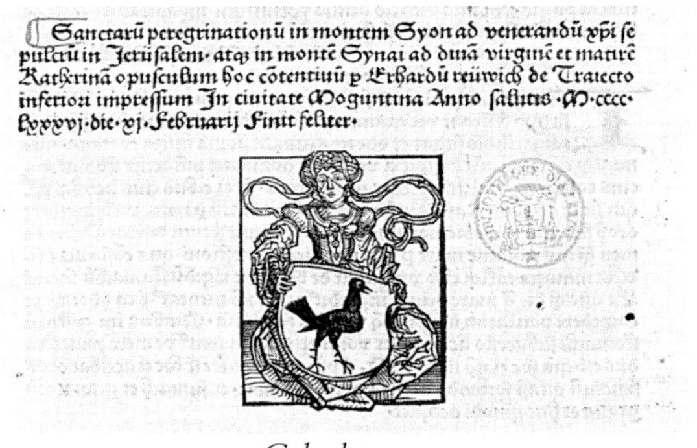
Sanctarū peregrinationū in montem Syon ad venerandū xpi sepulcrū in Jerusalem· atq3 in montē Synai ad divā virginē et matirē Katherinā opusculum hoc cōtentivū p Erhardū reüwich de Traiecto inferiori impressum In civitate Moguntina Anno salutis ·M·cccc· lxxxvj·die·xj·Februarij Finit feliter·

Colophon.

Nombreuses rééditions et traductions.

Bibl. : Stillwell, n° 605 ; H.W. Davies, *Bernhard von Breydenbach and his journey to the Holy Land, 1483-1484. A bibliography*, Londres, 1911 ; H. Rohrbacher, « Bernhard von Breydenbach und sein Werk "Peregrinatio in Terram Sanctam" (1486) », *Philobiblon*, 33 (1989), p. 89-113.

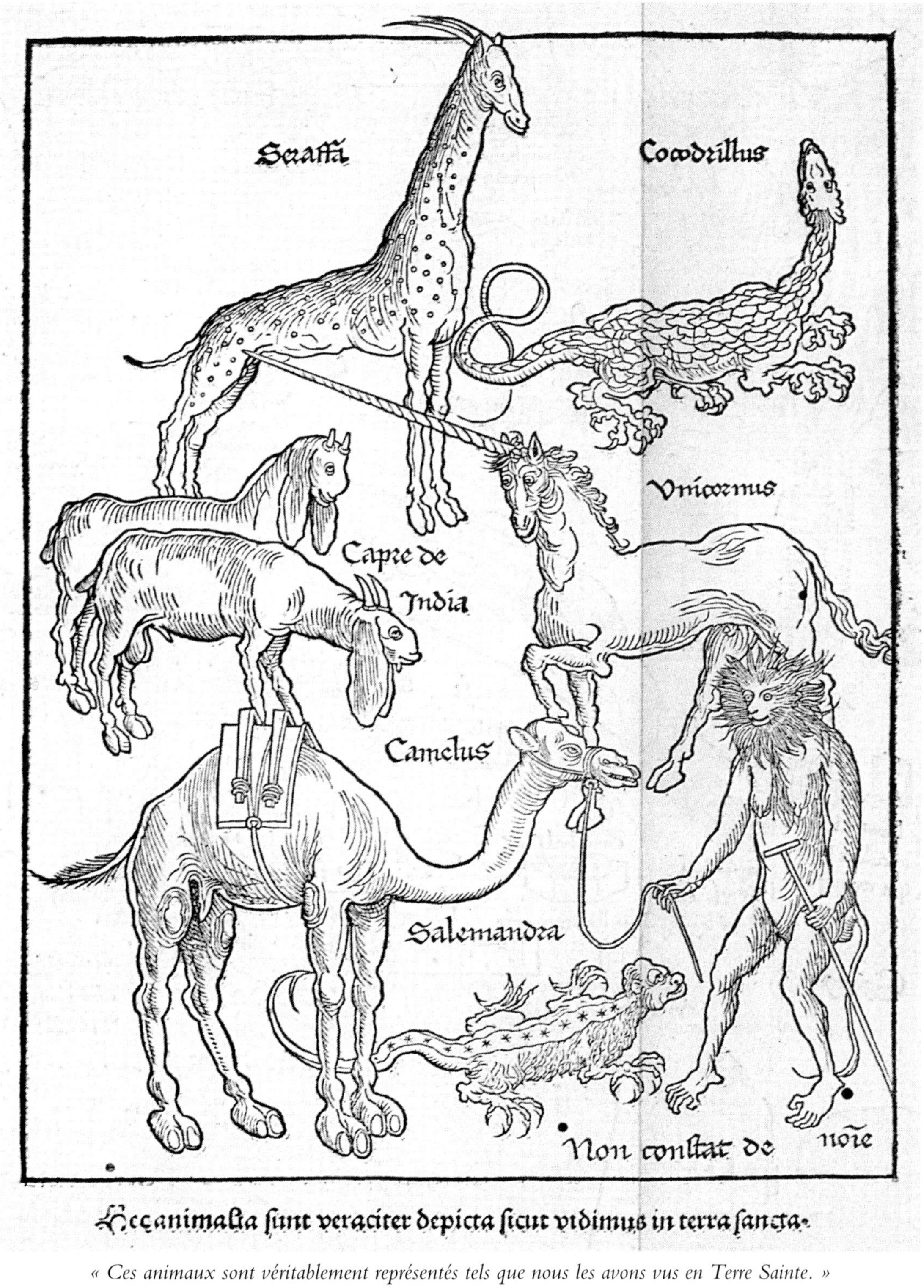

« Ces animaux sont véritablement représentés tels que nous les avons vus en Terre Sainte. »

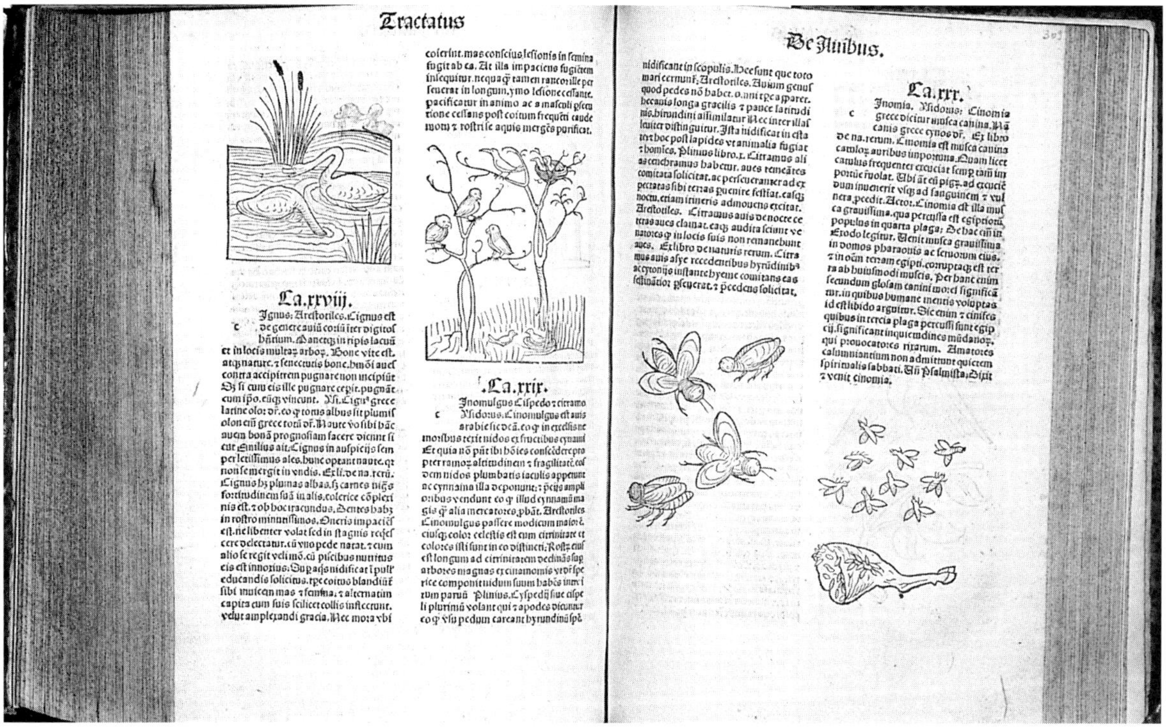

Oiseaux et insectes se côtoient dans le Tractatus de avibus *(traité des oiseaux). Une image annonce le début de chaque nouveau chapitre.* *(Voir également p. 28 et 29.)*

9. Hortus sanitatis : (XVe siècle).

Mayence, Jacob Meydenbach, 1491. — 2°, 906 p., ill.
[Hain 8944, CIBN H-294].

Dérivé du *Gart der Gesundheit*, traité des simples dont il conserve le titre, l'*Hortus sanitatis* se distingue de son modèle en ce qu'il couvre l'intégralité du monde naturel. Il se divise en effet en 6 livres (herbes, animaux [terrestres], oiseaux, poissons, pierres et urines) et comporte plusieurs index.
A l'intérieur de chaque livre, les animaux sont décrits dans l'ordre alphabétique des noms latins. Chaque chapitre, consacré à un animal, comprend une gravure (repère visuel dans la page), une description de l'animal et enfin ses usages médicinaux. L'auteur de cette compilation cite ses sources : Isidore de Séville, Solin, Pline et Aristote le plus souvent, mais aussi le *Physiologus*, qui n'était pas encore imprimé. Probablement conçu par son imprimeur plutôt que par un auteur, cet ouvrage inscrit les descriptions d'animaux, souvent imaginaires, dans un cadre symbolique évoquant l'harmonie de la Création. Avec 392 illustrations d'animaux, il reste longtemps la plus importante source iconographique imprimée en zoologie. L'*Hortus sanitatis* bénéficiera d'un grand succès jusqu'au cœur du XVIe siècle.

25 autres éditions et traductions.

Bibl. : Choulant p. 20-73 ; *D'après Nature*, p. 47-53 ; Mac Farlane n°140 ; Stillwell n° 663 ; G. Keil, « Hortus sanitatis, Garten der Gesundheit, Garde der Sunthede », *Medieval Garden*, Washington, Dumbarton Oaks, 1986, p. 55-68.

II - Correspondances

CAPVT QVARTVM

XXII

antiquo Torſionis uocabulo plurimum alludere,ipſe Longolius arbitraretur. Quibus adductus argumentis Theodorus Gaza,ut erat in transferẽdis Græcorum ſenſibus,Plinianorum uerborum obſeruator atq; imitator diligẽtiſſimus, apud Ariſtotelem in octauo de hiſtoria animalium Phocenam,Turſionem uerterit,ueluti ab ipſo Plinio uocabulum mutuatus. Cæterum ſi bona cum uenia bonis mortuis licet refragari, nos docebimus Theodorũ Torſionem pro Sturione nequaquã accepiſſe, uel ſi acceperit, plurimum errauiſſe,Pliniũ quoq; per Torſionem ipſum quem nunc quærimus,Sturionẽ ſignificare minime uoluiſſe. Si quidẽ Gaza quum Ariſtotelem latine interpretaretur dicentẽ in octauo de hiſtoriis animalium, In ponto fera nulla eſt, præter Delphinum & Phocenam. pro phocena Turſionem dixit, quem Phocenã ſciebat ab Ariſtotele inter uiuiparos piſces eſſe connumeratum, quum Ariſtoteles alios piſcium eſſe ouiparos, alios autem uiuiparos,ideſt qui catulos parerent, dixiſſet.Nemo autem adeo imperitus eſt, ut neſciat Sturiones eſſe ouiparos, ut ex cotidiano eſu deprehenditur, & ex ſalſamentis Cauiariis, quæ ex ouis Sturionum ſine controuerſia conficiuntur.Neq; enim credendum eſt,tantæ eruditionis ac diligẽtiæ hominem, uti fuit Theodorus,adeo pueriliter fuiſſe hallucinatum, præſertim quum hũc ipſum locum aliter a Plinio fuiſſe cõuerſum animaduerteret,qui pro Phocena non Torſionem,ſed uitulum marinum ſubſtituerit, ut diligenter Hermolaus in caſtigationibus annotauit. Præterea apud Ariſtotelem Phocena Sturio eſſe non poteſt, quum in ſexto de natura animalium ubi eius effigiẽ exprimit

XXIII

mit,clariſſime dicat Phocenas omnino carere branchiis,ſed branchiarum loco fiſtulam habere,quod Sturionibus minime accidit,quoniam præter fiſtulam oris,uti diximus,branchias manifeſte habent,quãquã paruas & anguſtas, ſi illas tantæ molis piſci comparemus, ita ut Sturio nullo modo Phocena eſſe poſſit. Subiungit quoque Ariſtoteles Phocenã naſci in Ponto,quod de Sturione minime dixiſſet, quando Sturiones omnibus fere in maribus facile reperiantur, magnamq; eorum copiam inſignes fluuii alant,ſiue in mare noſtrum,ſiue in ipſum oceanum euoluantur. Quod uero Plinius Torſionem,Sturionem eſſe putauerit, minime crediderim uel hoc uno argumento, quod Sturionis & magnitudine & frequentia, & ipſo deniq; pretio admodum celebrati piſcis,ab ipſo Plinio nullam præterq; hoc uno in loco, mentionem factam eſſe uideamus, quum uel minimos & in eduliis etiam prædamnatos piſces,non modo in nono peculiari aquatilium libro,ſed in aliis obiter locis ſæpius nominet,atq; depingat. Vnde putãdum eſt Plinii Torſiones, ſicuti Ariſtoteles aſſerebat, in Ponto Euxino potiſſimum uerſari, nec temere per alia maria, extra Helleſponti, Thracii ue Boſphori anguſtias euagari. Porro Plinius,ſi uerba Ariſtotelis conſideremus,pro Phocena Torſionem intellexiſſe uidetur, qui Torſio eodem teſte maleficus eſt,quoniam canicularum roſtris aſſimiletur, & ipſa quoq; Phocena ab Ariſtotele ueluti maxime malefica feræ nomine nuncupatur. Sed Sturio quomodo maleficus eſſe poſſit,non uideo,quum dentibus omnino careat,ſic fortaſſe

D

Le Tursio *de Pline peut-il être un esturgeon ? Giovio démontre que non grâce à ses observations sur ce poisson.*

10. GIOVIO (Paolo) : 1483 - 1552.

De Romanis Piscibus Libellus... — Rome, F. Minutius Calvi, 1524. — pet. 2°, 107 p., index.

Edition originale du premier ouvrage d'un écrivain italien, célèbre surtout pour ses *Eloges des hommes illustres*, qui fut médecin du pape Paul III et évêque de Nocera.

Cet ouvrage peu connu est intéressant à plus d'un titre : d'abord, il s'agit d'une des premières monographies sur un groupe restreint, ici les « poissons » : les animaux aquatiques. Il est de plus écrit à partir de l'étude des poissons du marché de Rome, ce qui lui confère un support concret d'observation. Si Giovio emprunte aux textes de Pline et de Galien, il s'attache à identifier sous leurs noms italiens les poissons décrits par ces auteurs. Cela se concrétise par l'index polyglotte dans lequel il mêle latin et dialectes italiens.

C'est ainsi qu'il argumente longuement en s'appuyant sur Aristote pour montrer que l'esturgeon (*Sturio*) ne s'identifie pas au *Tursio* de Pline. Amateur de bonne chère, Giovio n'oublie pas à propos de ce poisson d'évoquer le caviar et plus généralement, l'intérêt gastronomique de tous les animaux étudiés.

Cet ouvrage est novateur : c'est la première étude connue de faune locale. Mais, peut-être parce qu'il n'est pas illustré, il sera rapidement éclipsé par ceux de Belon, de Rondelet et de Salviani. Il est cependant significatif que ces derniers auteurs aient tous commencé leurs travaux par l'étude des poissons.

Plusieurs éditions ultérieures.

Bibl. : Delaunay, p. 6-7 et 242.

PAVLI IOVII
NOVOCOMENSIS
MEDICI
DE ROMANIS
PISCIBVS LIBEL-
LVS AD LVDOVI-
CVM BORBONIVM
CARDINALEM
AMPLISSIMVM.
ROMA

La page de titre met en valeur le nom de l'auteur et celui de son protecteur, le cardinal Louis de Bourbon.

11. FERNANDEZ de OVIEDO y VALDES (Gonzalo) : 1478 - 1557.

Natural hystoria de las Indias. — Tolède, R. de Petras, 1526. — 2°, 108 p., index.

Edition unique. Fernandez de Oviedo était à la cour d'Espagne lorsque Christophe Colomb revint de son premier voyage d'Amérique. A partir de 1513, il y vécut pendant 24 ans et sera notamment nommé gouverneur de Saint-Domingue. Il deviendra plus tard le chroniqueur officiel des Indes.

Ce livre, qui est essentiellement consacré aux animaux, aux plantes et aux minéraux, a la particularité d'être le premier texte d'histoire naturelle sur l'Amérique à parvenir en Europe. Il inaugure ainsi un nouveau champ d'étude, apanage des naturalistes espagnols, qui entretiennent peu de relations avec les autres zoologistes européens. Fernandez de Oviedo y décrit un nombre assez important d'animaux d'Haïti ou du Continent, en insistant tout particulièrement sur leurs qualités gastronomiques. On retrouve là la trace d'une préoccupation importante pour les colons espagnols qui doivent assurer leur survie - puis leur confort - dans ces terres inconnues nouvellement conquises. Cet ouvrage sera complété par l'*Historia general de las Indias*, illustrée, publiée à Séville en 1535.

Notons encore que par sa mise en page et ses caractères gothiques, ce livre imprimé en Espagne reste très proche du modèle incunable alors que les ouvrages français ou italiens de la même époque ont déjà une forme plus moderne (**10** et **12**).

Bibl. : Petit & Théodoridès, p. 218-219 ; Stillwell, n° 634 ; Oviedo y Valdes, *Natural History of the West Indies*, ed. par S.A. Stondemine, N. Carolina, Chapel Hill, 1959 ; D. Turner, « Forgotten treasure from the Indies : the illustrations and drawings of Fernandez de Oviedo », *Huntington Library Quaterly*, 48 (1985), 1-46 ; A. Gerbi, *Nature in the New World, from Christopher Columbus to Gonzola Fernandez de Oviedo*, tr. by J. Moyle, University of Pittsburg Press, 1985.

De lidaman de ganayl. Fo. ii.

Capitulo primero Como despues de armado cauallero el donzel Lidaman por mano del emperador don Clarian Llego ala corte el sabio no conoscido: con vnas estrañas armas

En el florido tiempo que las plantas en su virtud ⁊ los enamorados coraçones yguales en su plazer y contentamiẽto se muestran: era quãdo el muy catholico ⁊ valeroso emperador don Clarian cargado de cuydados que la vejez consigo suele traer enojandolo ya la vana gloria desse pesado mundo: se retruxo al puerto de Cãfer conla emperatriz gradamisa ⁊ su hija Resplandora en cõpañia de aq̃llas hermosas princesas ⁊ damas: ⁊ de algunos priuados caualleros que los mas dellos eran ydos ala santa conquista de Floriman: como en la tercera parte se ha cõtado. Alli pues llegados dela princesa Daribea fue requerido con muchas lagrimas diziendole. Noble señora avn q̃ la grande largueza del tiẽpo muchas cosas tenga encubiertas el mismo faziendo su deuer lo muestra ⁊ declara como verdadero maestro d̃ todas ellas: por ende quãdo mi pensamiento enlos males de mi coraçon consintio por cierto q̃ no fue con desesperaciõ de tan sensibles trabajos solamente con esperança de venidera gloria: pero como quiera q̃ todos pẽsemos de auer fauor en nr̃os fechos: por la mayor p̃te quien como yo en semejantes yerros cabe assi le suceden sus cosas porque no mire cõ sobra de amor lo que adelante acaescer me podria bien creo que a dios plaze todo esto segun mi fortuna ⁊ por esso no tanto me desplaze quãto me aflige. Yo señor emperador fuy muy requestada de vr̃o hermano: ⁊ no menos la ventura le fue comigo fauorable delo q̃ ami enlo conocer dichosa: dõde se recrecierõ tãtas angustias de su parte quãto mortales dessseos dela mia: fasta al pũto q̃ agora su ausencia me tiene causado grã dolor ⁊ sentimiento: porẽde ya no es en mi mano encubrir mas esta passiõ: como sea verdad que la rauiosa muerte por ello me podria venir: mas yo tuue por mejor acordarme deste remedio: q̃ fue dezillo a vos muy alto empador q̃ no verme de todo pũto desamparada sin cõsolaciõ de nadie. Por tanto señor vos pido por merced q̃ cõ diligẽcia en busca de Riramõ de ganayl vos plega de mãdar porq̃ os fago cierto como el es el cauallero aquien mi coraçõ tẽgo a muchos dias otorgado. Deso me plaze ami buena señora dixo el viejo empador mas delo que vos podeys pẽsar: porq̃ la verdadera paga q̃ yo esperaua de vos dar era esse preciado ⁊ valiẽte caualľo por marido / pero como q̃ reys q̃ se haga lo que dezis pues lugar cierto: a do el esta no se sabe de muchos dias aca. A todo esso dixo la cuytada ⁊ amorosa princesa. No satisfaze ami passiõ / q̃ buelta soy alos dias de mi tristura por non saber nueuas ningũas de mi querido señor: por lo qual vos pido q̃ cõ piedad de verdadero hermano ami de cuyta: ⁊ a vos de trabajo querays sacar ⁊ si no lo quisierdes fazer forçadamẽte su fijo Lidaman tiene de tomar sobre si este cuydado d̃lo q̃ yo mucho pesar recebire porq̃ su tierna ⁊ florida edad no es para tã presto sufrir el doloroso trabajo de las armas. Como dixo el viejo emperador vr̃o hijo ⁊ de Riramõ de ganayl es el apuesto donzel Lidaman. Si por cierto respondio la princesa q̃ es el rico pimpollo que de nr̃o cordial ⁊ verdadero amor tiene salido por lo qual señor deuiades agora con mas volũtad d̃ conocer en mi justa peticiõ. Mejor sera dixo el empador que lo arme cauallero entõces començara de fazer lo q̃ por derecha via le cõuiene que no de otra manera recibiendo falta ⁊ conformandose cõ vr̃o desseo. Yo espero en dios q̃ Riramon de ganayl nos fara con su venida muy alegres q̃ tãbien la memoria de mi hijo Floramante me trae muy fatigado avn que sus proezas por todo el vniuerso son loadas / pero esto

a ii

Début du premier chapitre : description de la Floride.

12. ELIEN (Claude) : *c.* 170 - *c.* 220.

Historia animalium... ; liber unus de gallicis et latinis nominibus piscium, ... — Lyon, S. Gryphe, 1533. — 4°, 600 p.

La rareté de cette première édition explique que la seconde, datée de 1535 et comportant un index supplémentaire, soit souvent prise pour l'originale. Ce livre contient essentiellement la première édition du *De natura animalium* d'Elien, texte grec du second siècle après J.-C., traduit en latin par Pierre Gilles (26) à partir d'un manuscrit appartenant à Georges d'Armagnac.

Long poème zoologique inspiré surtout de textes plus anciens, le traité d'Elien apporte de nombreux éléments nouveaux sur les animaux, souvent empreints de significations symboliques et morales. C'est l'une des œuvres majeures de la zoologie de l'Antiquité. Ses nombreuses rééditions, notamment l'édition gréco-latine publiée par Gesner en 1556, confirment son succès auprès des savants du XVIe siècle. Abondamment citée par les zoologistes, elle a place de choix dans le tableau de Salviani (23).

L'ajout de textes sur les poissons choisis chez d'autres auteurs (Oppien, Porphyre et Héliodore) et surtout d'un lexique original des noms français et latins de poissons permet de considérer cette édition comme une œuvre de Pierre Gilles à part entière.

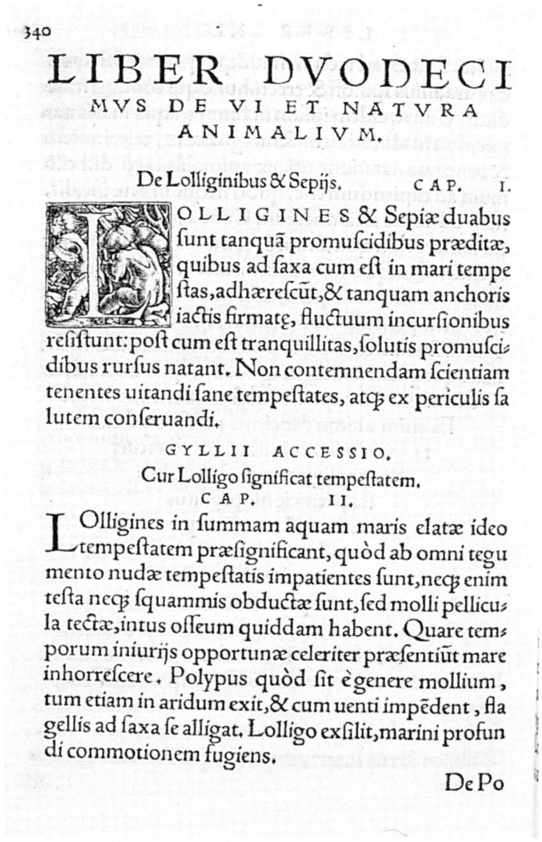
340

LIBER DVODECI MVS DE VI ET NATVRA ANIMALIVM.

De Lolliginibus & Sepijs. CAP. I.

LOLLIGINES & Sepiæ duabus ſunt tanquã promuſcidibus præditæ, quibus ad ſaxa cum eſt in mari tempe ſtas, adhæreſcũt, & tanquam anchoris iactis firmatę, fluctuum incurſionibus reſiſtunt: poſt cum eſt tranquillitas, ſolutis promuſci dibus rurſus natant. Non contemnendam ſcientiam tenentes uitandi ſane tempeſtates, atq; ex periculis ſa lutem conſeruandi.

GYLLII ACCESSIO.

Cur Lolligo ſignificat tempeſtatem. CAP. II.

LOlligines in ſummam aquam maris elatæ ideo tempeſtatem præſignificant, quòd ab omni tegu mento nudæ tempeſtatis impatientes ſunt, necq; enim teſta necq; ſquammis obductæ ſunt, ſed molli pellicu la tectæ, intus oſſeum quiddam habent. Quare tem porum iniurijs opportunæ celeriter præſentiũt mare inhorreſcere. Polypus quòd ſit ègenere mollium, tum etiam in aridum exit, & cum uenti impẽdent, fla gellis ad ſaxa ſe alligat. Lolligo exſilit, marini profun di commotionem fugiens.

De Po

Début du livre 12 : l'observation des calamars et des seiches permet de prévoir la venue d'une tempête.

Deuxième édition : 1535.

Bibl. : Petit & Théodoridès, p. 105-106 ; Introduction de l'édition anglaise : *De natura animalium*, tr. A.F. Schalfield, The Loeb Classical Library, Londres, 1958.

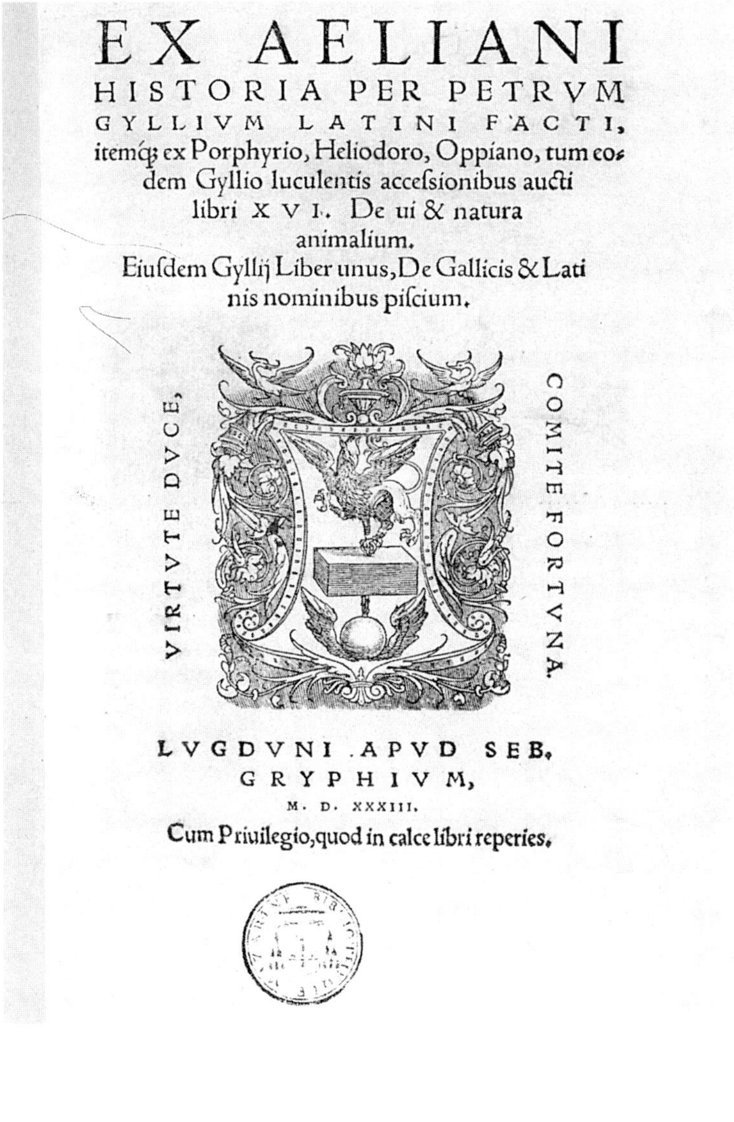
EX AELIANI
HISTORIA PER PETRVM
GYLLIVM LATINI FACTI,
itemq; ex Porphyrio, Heliodoro, Oppiano, tum eodem Gyllio luculentis acceſsionibus aucti libri X V I. De ui & natura animalium.
Eiuſdem Gyllij Liber unus, De Gallicis & Latinis nominibus piſcium.

VIRTVTE DVCE, COMITE FORTVNA.

LVGDVNI .APVD SEB. GRYPHIVM,
M. D. XXXIII.
Cum Priuilegio, quod in calce libri reperies.

Page de titre humaniste, construite autour de la marque du célèbre marchand-imprimeur lyonnais Sébastien Gryphe.

EPIST. NVNCV.

tuam apposui, ex Aristotele & Pli
nio, & optimis quibusq; scriptori-
bus contexui. Hunc ego nominis
tui celebritati dedico, & dono: etiã
atq; etiã te obtestans, ut hoc meum
qualecunq; munusculum æqui bo-
niq; consulas. Quod si te facturum
intellexero, & hunc libellum figu-
ris & auium moribus, & medicinis
auctum, & de herbis alium etiam li
brum, breui, uolente Deo, in lucem
emittam. Vale. Dominus Iesus te
diu nobis sanctissimis moribus
institutum, & optimis lite-
ris imbutum, quàm diu-
tissimè inculumem
conseruet.
Coloniæ 5. Idus Februarij,
Anno M.D.XLIIII.

DE DECEM GENERIBVS
Accipitrum.

Aristoteles.
ACcipitrum genus præci
puum Buteo est, Trior **Buteo.**
cha à numero testium
nuncupatus: secundum
æsalo, tertium circus. Stellaris au- **Aesalo. Circus.**
tem, palumbarius, & pernix diffe
runt. Appellantur subuteones, qui
latiores sunt: alij percæ & fringilla- **Percæ Fringilla-rij.**
rij uocantur: alij læues & rubetarij,
qui abundè uiuunt, atque humiuo **Rubeta-rij.**
læ sunt. Genera non pauciora quàm
decem esse accipitrum aliqui prodi
derunt, quæ modo quoq; uenandi
inter se dissident. Alij enim colum-
bam humi considentem, rapiunt,
uolantem non appetunt: alij super
arborem, aut tale quid conscenden
tem, uenantur; sin humi est, aut uo
lat

Fin de la dédicace et texte sur l'épervier, d'après Aristote.

13. TURNER (William) : *c.* 1508 - 1568.

Avium praecipuarum, quarum apud Plinium et Aristotelium mentio est, brevis et succincta historia... — Cologne, J. Gymnicus, 1544. — 8°, non paginé.

Unique édition de l'ouvrage sur les oiseaux de William Turner, théologien anglais qui s'établit ensuite à l'étranger comme médecin. Turner était également correspondant de Gesner pour la botanique.

Comme l'indique le titre, Turner reprend les principaux oiseaux cités par Pline et Aristote en précisant leurs noms anglais et allemand. A côté de ses propres commentaires, il cite de longs passages des auteurs anciens. Ce livre non illustré qui reste dans le domaine de l'érudition et de la compilation sera, lui aussi, éclipsé par ceux de Belon et de Gesner.

Mais il leur a pourtant ouvert la voie en tentant d'établir des correspondances entre le vocabulaire des Anciens et les noms modernes des animaux.

Ce travail doit être rapproché du petit lexique publié par Charles Estienne en 1536 : *De latinis et graecis nominibus arborum, fructicum, herbarum, piscium et avium liber*. Réédité plusieurs fois, il permet d'établir les correspondances entre les noms francais et latins de plantes, de poissons et d'oiseaux. Il se prête aussi bien à l'usage des savants qu'à celui des traducteurs de textes littéraires, ou même des poètes.

Bibl. : Stillwell, n° 704 ; A.H. Evans, *Turner on birds*, Cambride University Press, 1903 ; W.R.D. Jones, *William Turner : Tudor naturalist, physician and divine*, Londres, Routledge, 1988.

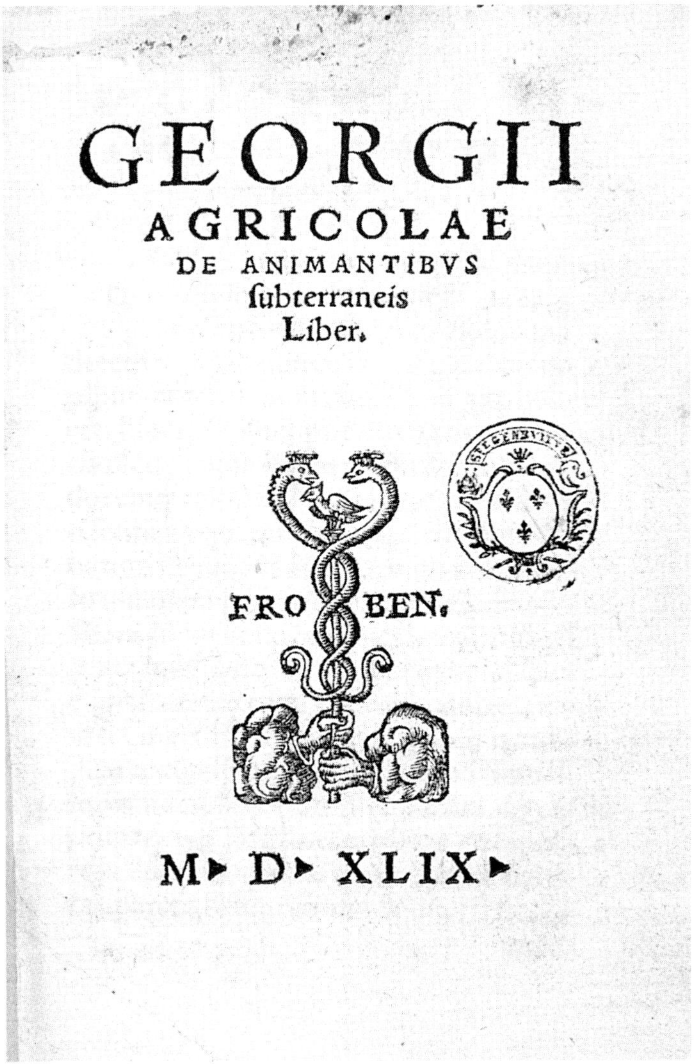

GEORGII
AGRICOLAE
DE ANIMANTIBVS
ſubterraneis
Liber.

FRO BEN.

M. D. XLIX.

Une page de titre peu économe en papier…

15. AGRICOLA (Georg BAUER dit) : 1494 - 1555.

De animantibus subterraneis liber. — Bâle, J. Froben, 1549. — 8°, 79 p., index.

Edition originale. Si Agricola est plus connu pour le remarquable *De re metallica*, publié pour la première fois en 1546, ce petit livre sur les animaux souterrains a tout à fait sa place ici. Agricola y décrit tous les animaux pouvant vivre sous terre, de la grenouille au vers de terre, jusqu'au castor.
Il donne une liste des auteurs utilisés, une table de concordance des noms d'animaux dans plusieurs langues où l'on peut remarquer l'absence d'équivalent allemand pour un certain nombre d'entre eux, et un index. Le corps de l'ouvrage propose une réflexion sur les raisons et les conditions de la vie souterraine et notamment sur l'hibernation. On y trouve ainsi des descriptions très vivantes de la vie de certains animaux comme la marmotte.
L'étude d'un certain mode de vie animal plutôt que celle de l'un des groupes habituels ou bien des animaux d'une région donnée est particulièrement originale : elle se prête à des tentatives d'explications théoriques.
On peut signaler enfin la très belle mise en page de ce livre.

Bibl. : Stillwell, n° 561 ; Georg Spackeler ed., *Georgius Agricola, 1555-1955*, Berlin, 1955.

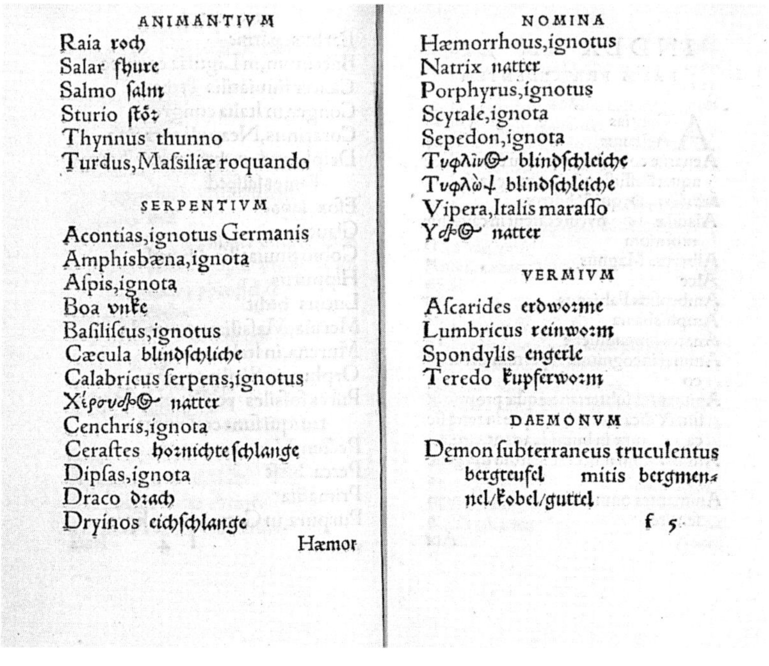

ANIMANTIVM
Raia roch
Salar ſhure
Salmo ſalm
Sturio ſtör
Thynnus thunno
Turdus,Maſsiliæ roquando

SERPENTIVM
Acontias,ignotus Germanis
Amphisbæna,ignota
Aſpis,ignota
Boa vnke
Baſiliſcus,ignotus
Cæcula blindſchliche
Calabricus ſerpens,ignotus
Χέρσυδρος natter
Cenchris,ignota
Ceraſtes hornichte ſchlange
Dipſas,ignota
Draco drach
Dryinos eichſchlange
Hæmor

NOMINA
Hæmorrhous,ignotus
Natrix natter
Porphyrus,ignotus
Scytale,ignota
Sepedon,ignota
Τυφλῖνος blindſchleiche
Τυφλώψ blindſchleiche
Vipera,Italis maraſſo
Ὕδρος natter

VERMIVM
Aſcarides erdworme
Lumbricus reinworm
Spondylis engerle
Teredo kupferworm

DAEMONVM
Dæmon ſubterraneus truculentus bergteufel mitis bergmenn/kobel/guttel
f 5

Index (polyglotte).

16. LONICER (Adam) : 1528 - 1586.

Naturalis historiae opus novum, ... — Francfort, Ch. Egenolph, 1551. — 2°, 706 p., ill..

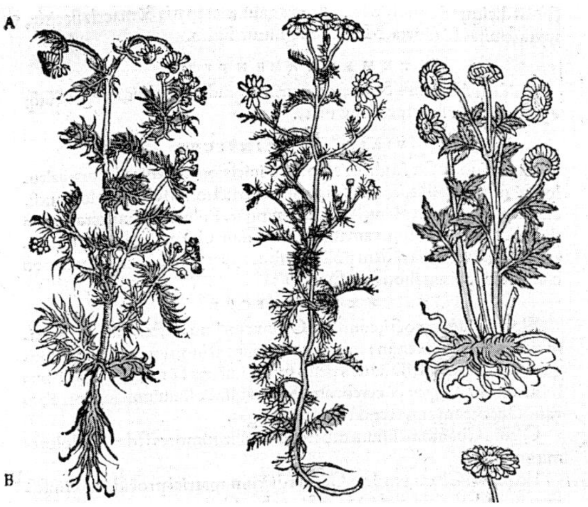

Camomille et plantes voisines.

Edition originale. Ce livre rédigé par un médecin de Francfort est avant tout un recueil de matière médicale : végétale, animale ou minérale. Il a le grand intérêt de témoigner du décalage qui existe en 1551 entre les études sur les plantes (qui prennent leur essor dès 1530) et celles sur les animaux qui bénéficieront d'un développement extraordinaire au cours de la décennie 1550.

Il suffit d'ouvrir le livre de Lonicer pour percevoir ce décalage dans l'illustration. Alors que près de 500 pages sont consacrés aux plantes, accompagnées de grandes gravures d'une qualité remarquable, la partie sur les animaux est réduite à 80 pages avec de petites vignettes stéréotypées de la taille d'une lettrine. L'illustration botanique est rapidement utilisée pour l'identification des échantillons, ici dans un but médical. Sensiblement plus faciles à mettre en œuvre pour les plantes que pour les animaux, les applications médicales introduisent une sorte de clivage entre botanique et zoologie.
Cet ouvrage permet d'entrevoir les possibilités offertes par la nouvelle iconographie, fondée sur l'observation, qui agrémente, à partir de la décennie 1550, les livres de zoologie. L'exemplaire photographié est remarquablement bien aquarellé, les plantes apparaissent ainsi avec leurs couleurs exactes. Quant aux gravures d'animaux, elles semblent mises en couleurs surtout par souci d'homogénéité.

Bibl. : Petit & Théodoridès, p. 284-285.

DE ANIMANTIBVS

Sanguis eius potus tremulos liberat. Caput eius ſiue neruoſa caro adusta, & in pulueres redacta, morſum rabidi canis ſanat. Dentium canis puluis dolores gingiuæ & dentium ſiſtit. Cor eius in potu ſumptum contra latratum canum (ut ferunt) cuſtodit. Fel in melle ſumptum oculos curat. Lac potum capillorum prouentui obſiſtit. C

In uino aut melle potum mortuos fœtus expellit. Adeps eius podagricis auriumq; dolori auxiliatur. Sanguis alopecias reſtituit. Vrina uerrucas abigit. Lac primogenituræ canis omnes capillorum deciſiones prohibet, & partum in utero maturat. Vrina cum nitro temperata lepram et pruritum ſanat. Sanguis canum contra ueneficarum uenenum præſentiſsimum eſt remedium. Fel canis cum melle lippitudines oculorum ſanat. Adipe canum lendes capitis purgantur.

Chirotheca ex corio canino confecta contra ſcabiem & tuſsim ualet. Vrina canis cum puluere capillorum eius illita, uerrucas pellit. Lingua eius maximam in ſe medicam uim habet, & ſua enim, & aliorũ uulnera hac ſanat: & quod maius eſt, pedem, ſi uulnus lingua pertingere nequeat, lambit, eumq; uulneri ſanando imponit, remedij à natura inditi certiſsimus.

Gallinarum excrementa in cibum canum immixta, à rabie eos præſeruant. Oleo cane inuncto omnes confeſtim pulices deſiliunt.

Nigri canis (ut aiunt) dens contra allatrationem canum cuſtodit.

Albi canis excrementa trita, in iure gallinæ ante ſolis exortum ſumpta, aluum ſiſtunt: ictericis proſunt. D

Stercus canis, ut Galenus ſcribit, qui ſolis fuerit oſsibus, integrum biduum nutritus, durum, candidum minimeq; fœtens ſtercus eſt: quod exiccatum redactumq; in pollinem, ad anginam, dyſenteriam, et ſummè inueterata ulcera optimè accommodatur: ad anginam quidem ijs miſtũ, quæ alicui huic affectui conueniunt: ad dyſenteriam uerò iniectum lacti decocto, aut quod ſilices candentes, aut cylindros ferreos extinxerit.

FELES.

FEles, aliàs Catus, ab aſtutia uidelicet, quaſi Cautus. *Veteres* enim catos dicebant cautos, & aſtutos. Græcis γαλιώτης, Germa. Katz/murium perpetuus hoſtis, dentibus & ungulis leoni eſt ſimilis, eoſq; ſicut & Leo contrahit & expandit: animal moribus pudiciſsimis, & pulchritudinis amantiſſimum. Valeriana herba ſummoperè delectatur, cui ob id etiam nomen eſt inditum, quòd Katzenkraut eam uocant.

Caro Felium ſubſtantiæ eſt humidæ & mollis.

Morſus Felium uenenatæ eſt naturæ, obſiſtitur tamẽ ei facilè, emplaſtro ex cepis & ſyluestri Calamintha.

Cati ſyluestres ſuffitum rutarum, & amygdalorum formidant.

Syluestrium catorum caro calidæ & ſiccæ eſt naturæ, dolores aureæ uenæ

TERRESTRIBVS. 181

A uenæ ſedat, calfacit renes, dolorem pruritus ſiſtit. Excrementa Felium mixta melle & aceto, alopecias ſanant.

LEO.

LEo, Græcis λέων. Germ. ein Lew. De leonibus eorumq; natura, & gratia erga benefactores, Plinius lib. 8. cap. 16.

Rex ipſe animantium: cordatum, magnanimum ac nobile animal, iubatam ceruicem habet, gaudetq; excelſis montibus. Leæna uerò iuba caret. Inſidias animaduertens uenatorum ueſtigia pedum cauda, ne à uenatoribus obſeruẽtur, tegit. Fœtus eius triduum poſt partum ſomno detinetur, poſteaq; rugitu leonis excitatur. Ad quercus attactum horrere, & trepidare leo fertur: Galli item cantum expaueſcere.

Adipe leonis perunctum, à luporum inſultu ſecurum tradunt. Adeps eius dura hulcera mollit & aperit. Cum oleo faciei maculas extergit, & aduſtionibus medetur.

CAMELVS.

CAmeli, Plinius lib. 28. ca. 9. meminit. Animal eſt informe, collo longo, pedibus nodoſis, greſſu tardo, dorſo gibboſo. Virgæ eius duræ & neruoſæ, unde etiã nerui arcubus conficiuntur. Caro eius urinam ciet. Adeps eius aureæ uenę utiliter illinitur. Cerebrum arefactum in potu ſumptũ comitialibus auxiliat. Earũdem eſt uiriũ ſanguis, qui arefactus quoq; & coctus fluxus ſiſtit, atq; cum uino ictibus telorũ medetur. Potus uerò poſt menſtruas mulierum purgationes, cõceptionem adiuuat, & cõſtipatas matrices ſoluit. Vrina hydropicis cõmodat, fœtori narium prodeſt, inteſtinorumq; cõſtipationes fortiter diſcutit, furfures capitis decidere facit. Albi Cameli excremẽta melle trita tumores ſiſtũt, & inflammata uulnera purgãt. Tritus Cameli ſanguis dyſenteriæ obſiſtit. Lac potũ ueneno reſiſtit, diſcraſiã adiuuat & corrigit, corpus & uentrẽ nutrit. Excrementa uerrucas purgãt, nariũ fluxũ ſedãt. Cum alijs medicamentis ſumpta comitialibus ferunt opem, peſtifera itẽ hulcera, tumores & melicerides aperiunt. B

CASTOR, FIBER.

CAſtor, ἀμφίβιον eſt animal, terra & aqua uiuens, ac corpore ſuò naturam terreſtrium, cauda uerò aquatilium obtinens. De Fibro Plinius lib. 8. cap. 30. Marino cani eſt ſimilis, lõgus ac tenuis, dẽtibus acutis, cute precioſiſsima, quæ quò nigrior, hòc eſt præſtantior, colore Damæ nõ diſsimilis, capillo tamen ſubtiliore ac elegantiore. Cauda eius piſciũ eſt caudæ & ſapore & forma ſimilis, qua extra aquã exiſtente diu ſupereſſe nequit.

Poſteriores

Par comparaison, les chapitres sur les quadrupèdes paraissent sommairement illustrés.

III - La nature enregistrée

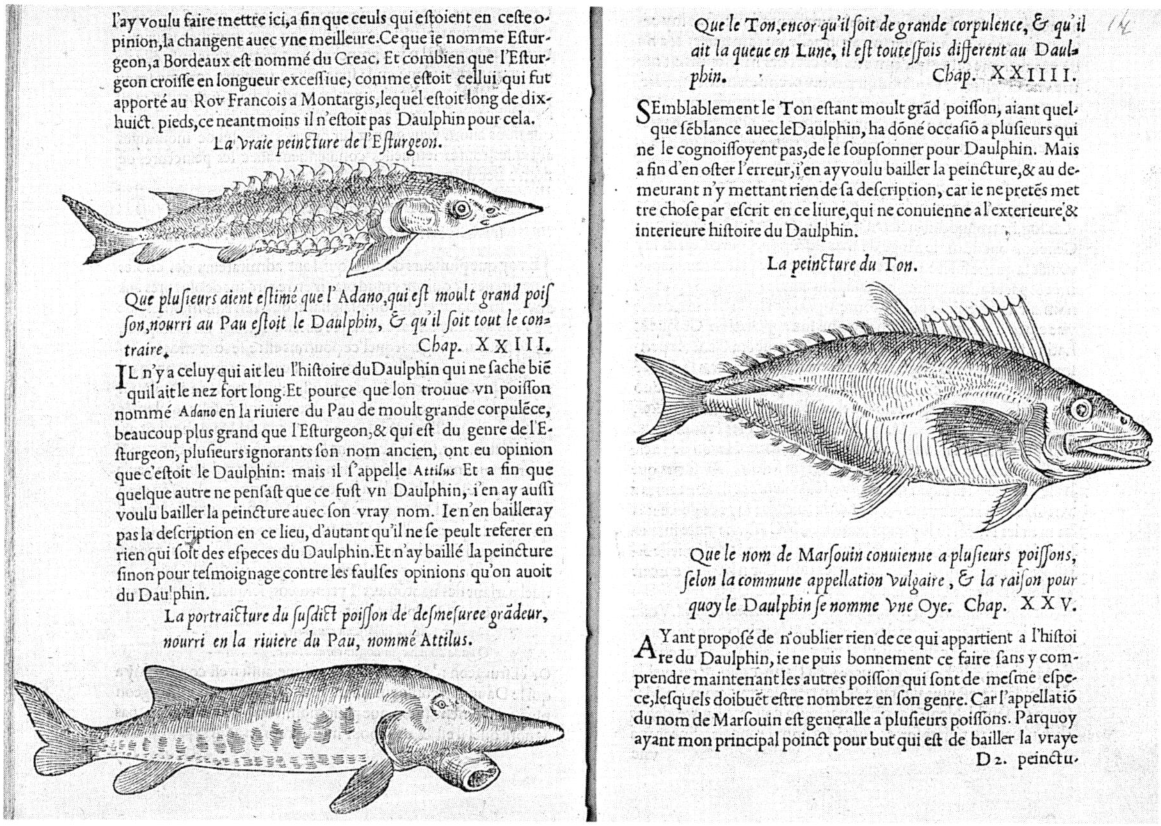

l'ay voulu faire mettre ici, a fin que ceuls qui eſtoient en ceſte opinion, la changent auec vne meilleure. Ce que ie nomme Eſturgeon, a Bordeaux eſt nommé du Creac. Et combien que l'Eſturgeon croiſſe en longueur exceſſiue, comme eſtoit cellui qui fut apporté au Roy Francois a Montargis, lequel eſtoit long de dixhuict pieds, ce neantmoins il n'eſtoit pas Daulphin pour cela.

La vraie peincture de l'Eſturgeon.

Que pluſieurs aient eſtimé que l'Adano, qui eſt moult grand poiſſon, nourri au Pau eſtoit le Daulphin, & qu'il ſoit tout le contraire. Chap. XXIII.

IL n'y a celuy qui ait leu l'hiſtoire du Daulphin qui ne ſache biẽ quil ait le nez fort long. Et pource que lon trouue vn poiſſon nommé *Adano* en la riuiere du Pau de moult grande corpulẽce, beaucoup plus grand que l'Eſturgeon, & qui eſt du genre de l'Eſturgeon, pluſieurs ignorants ſon nom ancien, ont eu opinion que c'eſtoit le Daulphin: mais il ſ'appelle *Attilus* Et a fin que quelque autre ne penſaſt que ce fuſt vn Daulphin, i'en ay auſſi voulu bailler la peincture auec ſon vray nom. Ie n'en bailleray pas la deſcription en ce lieu, d'autant qu'il ne ſe peult referer en rien qui ſoit des eſpeces du Daulphin. Et n'ay baillé la peincture ſinon pour teſmoignage contre les faulſes opinions qu'on auoit du Daulphin.

La portraicture du ſuſdict poiſſon de deſmeſuree grãdeur, nourri en la riuiere du Pau, nommé Attilus.

Que le Ton, encor qu'il ſoit de grande corpulence, & qu'il ait la queue en Lune, il eſt touteſſois different au Daulphin. Chap. XXIIII.

SEmblablement le Ton eſtant moult grãd poiſſon, aiant quelque ſẽblance auec le Daulphin, ha dõné occaſiõ a pluſieurs qui ne le cognoiſſoyent pas, de le ſoupſonner pour Daulphin. Mais a fin d'en oſter l'erreur, i'en ay voulu bailler la peincture, & au demeurant n'y mettant rien de ſa deſcription, car ie ne pretẽs mettre choſe par eſcrit en ce liure, qui ne conuienne a l'exterieure & interieure hiſtoire du Daulphin.

La peincture du Ton.

Que le nom de Marſouin conuienne a pluſieurs poiſſons, ſelon la commune appellation vulgaire, & la raiſon pour quoy le Daulphin ſe nomme vne Oye. Chap. XXV.

AYant propoſé de n'oublier rien de ce qui appartient a l'hiſtoire du Daulphin, ie ne puis bonnement ce faire ſans y comprendre maintenant les autres poiſſon qui ſont de meſme eſpece, leſquels doibuẽt eſtre nombrez en ſon genre. Car l'appellatiõ du nom de Marſouin eſt generalle a pluſieurs poiſſons. Parquoy ayant mon principal poinct pour but qui eſt de bailler la vraye

D 2. peinctu-

Comme Giovio, Belon présente les poissons pouvant être confondus avec le dauphin, mais il les identifie par l'image. On retrouve l'esturgeon, en haut à gauche.

17. BELON (Pierre) : *c.* 1517 - 1564.

L'histoire naturelle des estranges poissons marins, avec la vraie peincture & description du daulphin, ... — Paris, Regnaud Chaudière, 1551. — 4°, 60 p., ill., index.

Unique édition du premier ouvrage de Belon, une monographie sur le dauphin et les autres « cétacés ». La grande nouveauté de ce livre vient de l'importance accordée à l'observation et surtout de l'utilisation d'images à des fins d'identification des animaux. Belon critique les représentations fantaisistes de certains auteurs et propose les « vraies images » du dauphin afin qu'il soit « connu de tous ». Il explique ainsi que le dauphin n'a pas la forme arquée qu'on lui voit sur les médailles antiques et il donne une gravure de l'esturgeon pour montrer qu'il est distinct du marsouin (Cf. 10).

Belon établit encore la distinction entre le dauphin et le marsouin, confondus par ses contemporains et propose, dans la seconde partie de l'ouvrage, des études anatomiques détaillées, fondées sur la dissection. Comme Aristote avant lui, Belon observe les poumons et les mamelles des cétacés, mais cela ne permet d'affirmer qu'il ait « vu » que ces animaux sont des mammifères : ce mot et le concept correspondant ne sont inventés qu'en 1758 par Linné. Ayant défini les cétacés, à la suite d'Aristote, comme les animaux aquatiques vivipares ayant des poumons, Belon estime que l'hippopotame en fait partie.

Ecrit en langue vernaculaire, ce livre restera peu connu, mais son contenu sera repris dans l'ouvrage latin sur les poissons publié par Belon en 1553 et bénéficiera ainsi d'une diffusion beaucoup plus large.

Bibl. : Petit & Théodoridès, p. 266-271 ; Paul Delaunay, *L'aventureuse existence de Pierre Belon*, Paris, 1926 ; Jean Céard, « Pierre Belon zoologiste », *Actes du colloque Renaissance-Classicisme du Maine*, p. 129-140, Paris, 1975.

Belon a trouvé une représentation d'hippopotame sur une pièce romaine appartenant à Jean Grollier, trésorier général de François Ier.

18. GESNER (Conrad) : 1516 - 1565.

Historiae animalium liber I, de quadrupedibus viviparis... — Zürich, Ch. Froschauer, 1551. — 2°, 1 100 p., ill., index.

Edition originale. Médecin, professeur de grec et de latin, Gesner fut probablement l'écrivain le plus savant et le plus prolixe de sa génération. A côté de nombreuses traductions et éditions de textes anciens, il rédige sa Bibliothèque Universelle dans laquelle il présente en ordre méthodique l'intégralité des ouvrages connus de son temps. C'est dans le même esprit qu'est rédigée l'*Histoire des animaux* : en 4 500 pages, il compile tout ce qui a été écrit avant lui. Le livre I est suivi des volumes sur les quadrupèdes ovipares (1553), les oiseaux (1555), les poissons (1558) et les serpents (1587). Ses notes manuscrites sur les invertébrés seront l'une des sources du livre de Thomas Moufet (**33**).

Erudition et science du langage tiennent chez Gesner une place prépondérante. Chaque chapitre, consacré à un animal, comporte habituellement 8 rubriques, repérées par des lettres dans la marge : synonymie, habitat et morphologie, physiologie, mœurs, utilités, rôle alimentaire, intérêts médicaux et enfin, tout ce qui peut encore être ajouté, étymologies, fables, proverbes, etc. Dans un appendice de 1554, Gesner ajoute quelques descriptions d'animaux nouveaux comme le tatou.

Les animaux sont rangés selon l'ordre alphabétique des noms latins. Il ne faut pas y voir un signe de paresse scientifique mais plutôt la volonté de constituer une sorte d'énorme dictionnaire : Gesner qualifie lui-même son œuvre d'*onomasticon.*

Mus[386 et Y³ 123 (pour l'appendice).
Réédition à Francfort ; traduction allemande en 1563.

Bibl. : Petit & Théodoridès, p. 254-262 ; Plantin, p. 20-23 ; PMM, n° 77 ; C.A. Gmelig-Nijboer, *Conrad Gesner's* Historiae animalium*, an inventory of Renaissance zoology*, Meppel, 1977 ; L. Braun, *Conrad Gessner*, Genève, Slatkine, 1990 ; A. Serrai, Conrad Gesner, a cura di Maria Cochetti, Rome, Bulzoni, 1990 ; Conrad Gesner, *Deutsche Namen der Fische und Wassertiere*, Hrsg. und eingeleitet von Manfred Peters, Aalen, Scientia, 1974 (fac simile de la traduction allemande).

Copiée sur Dürer, la gravure du rhinocéros pose des problèmes de mise en page.

DE ANIMALIVM DIFFERENTIIS LIBER IIII. E

De homine. Cap. LX.

CVM animalium differentias quæ dictu dignę uidebũtur, prout natura cuiusq; admonebit generatim speciatímque simus notaturi, iure potissimum ab eo ordiemur quod primum est: prima autẽ sunt quæ perfecta: eiusmodi uero sunt quæ animal generant perfectum, corúmque primum & præcipuum homo est: utpote quẽ rerum natura, sensus iudicio & rationis capacitate præposuit omnibus. Sapiẽs enim est hoc animal, & unum ex omnibus animalibus nobis cognitis diuinitatis particeps, aut omniũ maxime simul & prudentissimum omnium. Homo itaque cum sit animaliũ omnium diuino cultui maxime deditum, nõ abs re effectum est, ut omniũ maxime erectus uiuat, superiorem sui partem ad uniuersitatis supremum erectum habẽs: caput scilicet, quod membrum corporis totius diuinissimũ esse cæterorúmque principẽ asserit Plato: cui totum corpus connexũ subest & ueluti paret: atque in hoc tanquam in summa corporis arce pręstantissimam animi nostri partem, ipsam scilicet rationem, sedem habere dicimus. Et cum alia item animalia imaginationem habeãt, quæ per sensus fit, (φαντασίαν αἰσθητικὴν uocant Græci) homo unus ex numero animalium, quæ nobis cognita sunt, τὸ βουλευτικὸν, id est uim obtinet cogitãdi deliberandíue. Et memoriæ quidem atque disciplinæ plures animantes participes quandoque sunt: nulla tamen præter hominem potest reminisci: quãdoquidem id nulli contingit absque συλλογισμῷ, id est rationis quodam ueluti discursu, quid prius & quid postea factum fuerit colligẽte. Quod uero ad sensus attinet, homo quanquam pro corporis magnitudine minime fere omnium animalium procul sentire potest, sensilium tamen differẽtiarum sensu atq; iudicio maxime omnium ualet. Et in tactus quidẽ acumine & gustus (nam & hic tactus quidam est) homo reliqua facile superat animalia: uerum olfactum habet, nõ solum aliis animantibus obtusiorem, sed & omnium sensuum, qui uel in seipso sunt, maxime stupidam.

F

G

H

G Præstantissimam. Variam authorum sententiam de principalis animi partis sede, explicat Iulius Pollux, lib. 2. Quod uero ad sensus. Humanorum sensuum quàm sint certa iudicia pluribus explicat Cic. lib. 2. De nat. deor. & 4. Academ. quæst.

De partibus hominis exterioribus. Cap. LXI.

HAbet sane homo solus inter animalia caput superiorem obtinens sitũ, non corporis sui ratione tãtum, ut cætera, sed quòd parti sublimi uni-

uersi

L'homme est inclus dans ce traité de zoologie. Des majuscules dans la marge droite découpent l'espace de la page et permettent un repérage précis à partir de l'index. (Ici, E, F, G, H, pour le verso du feuillet.)

19. WOTTON (Edward) : 1492 - 1555.

De differentiis animalium, libri decem. — Paris, M. Vascosan, 1552. — 2°, 440 p., index.

Unique édition de ce livre, publié à Paris par un médecin londonien. C'est un tableau du monde animal très fidèle à la pensée d'Aristote, qui a valu à son auteur le surnom de « Wotton l'aristotélicien ». Dans la partie consacrée aux poissons toutefois, on retrouve nettement l'influence de Pline.

Après trois chapitres de généralités sur le monde animal, le plan de l'ouvrage suit les « grands genres » définis par Aristote (l'homme, les quadrupèdes vivipares, les quadrupèdes ovipares et les serpents, les oiseaux, les animaux aquatiques pourvus de sang, les insectes, les animaux inférieurs). Wotton apporte peu d'éléments nouveaux : il reprend des connaissances chez différents auteurs et les ordonne selon son plan de classification.

Cet ouvrage traduit la persistance en plein XVIe siècle de méthodes de travail presque exclusivement livresques, même s'il a l'originalité de placer l'homme parmi les animaux, point sur lequel ses successeurs ne le suivront pas. Ce livre luxueux, d'une belle mise en page humaniste ne sera ni réédité ni traduit. Un faible succès qui s'explique peut-être par l'absence de descriptions des animaux du Nouveau Monde et d'illustrations.

Bibl. : Petit & Théodoridès, p. 278-9 ; Sarton, *The appreciation of ancient and modern science during the Renaissance (1450-1600)*, Philadelphia, 1955, p. 106 ; Ch. Raven, English naturalists from Neckham to Ray, Cambridge, 1947 ; Anne Baümer, « Das erste zoologische Kompendium in der Zeit der Renaissance : Edward Wottons schrift "Uber die Differenzen der Tiere" », *Ber. Wissenschaftsgesh.*, (1990) 13 : 13-29.

hæ beluę certè verum phyſeterem hîc exhibemus, quod maximè indicat fiſtula multò amplior quàm in cæteris, qua veluti nimbos aquarum efflat, quam notam & totius beluę figuram ex iis qui beluas venantur, magnúmque ex his quæſtum faciunt, didici. Suam etiam hac in re operam mihi præſtitit Capellanus medicus doctiſſimus, qui nō procul à Baiona habitat, quo in ſinu quotannis beluę capiuntur.

De Priſte.

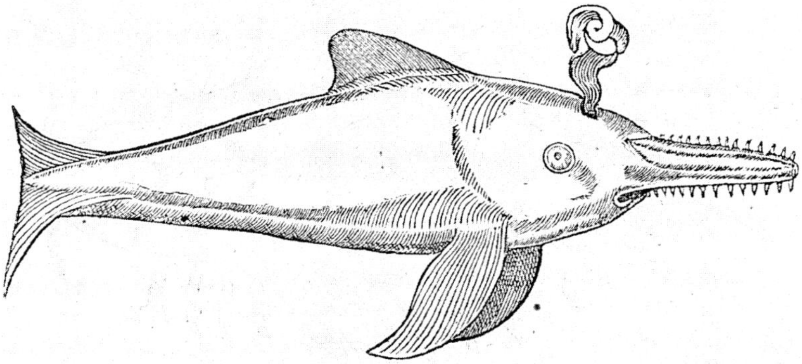

CAPVT XV.

INDI Cetaceum quendam piſcem nôrunt, quem viuellam nonnulli appellant, qui inſuaui eſt carne, & cibo inutilis, mirabili forma, maximè ob roſtrum, quod valde longum eſt, oſſeum, vtrinque aculeatum, raſtri modo figuráque, eius aculei validi ſunt, & delphinorum dentibus ſimiles, ſed longiores. Os, cui infixi ſunt, latum, tenue, cute aſpera, cinerea. Huiuſmodi roſtrum miſit ad me Guinus Piſanus doctor peritiſſimus. Vidi aliud Maſſiliæ, quod mercator ex longinqua nauigatione attulerat. Ego in ea ſemper fui opinione beluam hanc antiquorum eſſe πρίστιν, quam Plinius & Gaza non mutato vocabulo Græco priſtem nominant, vt dicatur ἀπὸ τοῦ πρίειν, id eſt, à ſecando, πρίστης ſector & ſerra, & cetaceus piſcis à roſtro ſimili ſerræ vtrinque ſecanti, idem fortaſſe cum eo, quem Latinè vno loco ſerram Plinius vocauit. Rerum quidem non ſolùm animalium ſimulachra ineſſe: licet intelligere intuentibus vuam, gladium, ſerras. In Indico mari priſtes ducenûm ſunt cubitorum. Neſcio qua ratione impulſus autor LIB. de aquatilibus priſtem calderonum vocet: nam ſi anteriorem capitis partem fundo cacabi per- *Lib. 9 c. 2.*

L'iconographie traduit l'appartenance du poisson scie au groupe des baleines. Cette représentation avec un évent et un jet d'eau (imaginaires) accrédite la classification de Rondelet qui le range parmi les cétacés.

20. RONDELET (Guillaume) : 1507 - 1556.

Libri de Piscibus Marini... — Lyon, Macé Bonhomme, 1554. — 2°, 583 p., ill.
et
Universae aquatilium pars altera... — Lyon, *idem*, 1555. — 2°, 242 p., ill.

Ces deux livres sur les poissons, très souvent reliés en un seul volume, constituent la contribution de Guillaume Rondelet à la zoologie. Professeur de médecine à Montpellier, Rondelet semble plus érudit que Belon mais aussi plus porté vers l'observation que Gesner. Cela se traduit par cet ouvrage émaillé de citations grecques et latines tout en proposant une très bonne iconographie originale. De nombreux points communs avec l'ouvrage de Belon sur les poissons montrent que les deux savants ont échangé des informations (Belon est-il le plagiaire que Rondelet mentionne dans sa préface ?) La proximité des dates de parution de leurs ouvrages n'est donc pas surprenante.
Après des généralités sur les poissons rappelant Wotton, Rondelet décrit environ 300 « poissons » qu'il a pour la plupart observés lui-même. Il s'attache à les classer selon leur forme (poissons plats, poissons cartilagineux, ...) ou leur milieu de vie. Le deuxième volume est consacré aux invertébrés aquatiques et aux poissons d'eau douce. Ici, Rondelet représente le poisson scie comme un cétacé puisqu'il lui attribue deux évents par lesquels il fait sortir deux jets d'eau selon une tradition qui remonte au moins à Pline.
Le livre de Rondelet sera intégralement compilé par Gesner (**25**) et on retrouvera ses illustrations jusque dans l'ouvrage sur les poissons publié par John Ray en 1686 (**42**). Il sera également traduit en français par le médecin Laurent Joubert dès 1558.

Mus[4° Bn 192.

Bibl. : Delaunay, p. 242-244 ; Petit & Théodoridès, p. 271-274 ; Plantin, p. 33-37.

L'auteur se montre...

pensent qu'il se repaisse de charongne. Si cest oyseau eust veu clair de nuict, nous l'eusions peu totalement asseurer *Ossifragus*: car *Ossifragus* est oyseau qui vole la nuict, toutesfois il nous est difficile l'ayants appriuoisé, pouuoir si bien obseruer ses mœurs, comme qui les auroit considerees quand il est sauuage. Et mesmemẽt combien que la vraye Aigle Royal cherche sa pasture en l'obscur, toutesfois estãt domestique semble ne voir goutte la nuict. Donc serons contents pour ceste heure d'ouïr nommer cest *Ossifragus* petit Vautour, pendant que prendrons loisir de nous esclaircir à sçauoir s'il s'en trouue quelque autre que cestuicy, nous submettants à chãger d'opinion, lá ou nous en sera monstré vn autre, à qui les enseignes de l'*Ossifragus* puissent mieux conuenir. Nous en repeterons encor quelque petits mots, en descriuant *Nicticorax*, c'est à dire *Coruus nocturnus*, que Gaza interprete d'Aristote à tourné *Cicunia*.

Ossifragus petit Vautour.

De la Buse, ou Busard.

CHAP. IX.

Buse espece d'Aigle.

IA AVONS descrit cinq especes d'Aigles, & distinguees par leurs propres noms Françoys. Et voulants ores parler des autres, possible qu'on trouuera aussi estrange, si disons qu'Aristote à mis la Buse au nombre des Aigles, comme lon à peu faire de l'Orfraye, dont auons parlé cy deuant. Ceste Buse est l'vn des oyseaux de rapine le plus mal à droit que nul autre que nous cognoissons. Aristote au chapitre des Aigles, au liure de la nature des bestes, l'à escrite en son *Percnopterus*, qui est diction Greque signifiant auoir taches es ælles. Et combien (dit Aristote) que cest oyseau est de plus grosse corpulence que les autres especes d'Aigles, toutesfois il n'à point d'enseigne de la generosité des autres: car il est bastard, tellement qu'il se laisse battre au Corbeau, & à plusieurs autres oyseaux moindres que luy, qui le font fuïr: car il est pesant (dit il) mal à droit, tousiours ayant faim, & crie sans cesse, & se paist de bestes mortes. Ces paroles susdictes d'Aristote, monstrent qu'il est tout manifeste que l'oyseau que les Françoys nomment vne Buse, est celuy qu'il entend pour son *Percnopterus*: Car il adiouste qu'il à les ælles courtes, mais que sa queuë est longue. Les Grecs le nommerent encores d'vn autre nom *Oripelargos*, c'est à dire Cigogne de montaigne, & *Gypaetos*, c'est à dire Aigle Vautour: car il tiẽt à moictié de l'vn, & de l'autre. Cest oyseau fait grand dommage sur les Connins des garennes: car il les depeuple. Aussi est nuisant à touts oyseaux de riuiere, tellement que s'il y à quelque butte sur vn estang, il se tient dessus espiant sa pasture: comme aussi sur les hayes le long des villages pour prendre les Poulles, Cocs, & tels oyseaux domestiques, non pas en volant, comme font les autres, mais se departant de quelque haye, se va iecter dessus. Or pour ne confondre les especes, ferons distinction entre vne Boudree, & vne Buse. Car la Buse est d'autre corpulence, & plus grande, ioinct que la Boudree est cẽdree, comme l'Orfraye, mais la Buse est de la couleur d'vne Aigle noire. Nous auons veu vn oyseau de rapine, qui fut apporté au feu Roy Françoys restaurateur des lettres, à Fontainebleau, qui estoit de la grandeur d'vn Autour

Buse Aigle bastarde.

Naturel de la Buse, ou Busard.

Autour plus hault enjãbé que nul autre: & pource qu'il n'y auoit faucõnier qui luy imposast nom propre, nous la soupçonnasmes *Percnopterus*, ou *Oripelargus*. Toutesfois pource que *Percnopterus* est nostre Buse, ou Busard, il est demeuré enuers nous sans aucun nom ancien, ne moderne.

Gypaetos, Percnopterus, ou Oripelargus en Grec, Buse, ou Busard en Françoys.

Arist. lib. 9. Cap. 32.

Du Goitan, ou Boudree.

CHAP. X.

IL N'Y à petit berger en la limagne d'Auuergne qui ne sçache cognoistre le Goiran, & le prendre par engins auec des grenoilles, telles fois auec de la gluz, mais le plus souuẽt au lasser. Puis que chasque oyseau est de nature differente l'vn à l'autre, cestuicy pour oyseau de grande corpulence qu'il est, se tient quoy sur quelque arbre en espiant sa pasture, & ainsi volant d'arbre en arbre, ou de pré en pré, se repaist de vermine. Il ne vole pas en l'ær, cõme font les Milans, & n'estoit cela, il seroit fort semblable à vn Milan noir tant

Naturel du Goirã, ou Boudree.

Pour favoriser la reconnaissance de la buse, Belon la représente capturant un lapin. Mais les postures des deux protagonistes ne sont pas tout à fait convaincantes.

21. BELON (Pierre) : *c.* 1517 - 1564.

L'histoire de la nature des oiseaux avec leurs descriptions et naïfs portraicts tracés du naturel... — Paris, Guillaume Cavellat, 1555. — 2°, 410 p., ill.

Une des deux émissions de l'unique édition : les coûts élevés dus aux gravures sur bois ont été partagés entre les libraires Cavellat et Corrozet. Elle comprend 158 portraits d'oiseaux accompagnés de descriptions, ainsi qu'un portrait de Pierre Belon, dont c'est l'ouvrage le plus réputé.

A partir d'observations effectuées lors de ses nombreux voyages, Belon cherche à identifier et à décrire les oiseaux connus des Anciens. Les illustrations, supports de la reconnaissance, jouent ici encore un rôle privilégié, certaines indiquent même le milieu de vie ou l'alimentation de l'animal représenté. L'existence d'exemplaires somptueusement mis en couleur atteste de l'importance accordée à ces images. (Voir planche IV.) Ce livre contient également la célèbre gravure, par laquelle Belon place en vis-à-vis le squelette d'un homme et celui d'un oiseau pour en souligner les affinités, qui est parfois analysée un peu rapidement comme l'acte de naissance de l'anatomie comparée alors qu'elle met surtout en évidence des analogies déjà soulignées par Aristote.

Enfin, Belon s'est attaché à classer les oiseaux d'après leur morphologie et leur mode de vie : il regroupe par exemple au livre II les « oiseaux vivant de rapine », qui correspondent à nos rapaces. Cet essai de classification ainsi que l'iconographie de Belon feront référence jusqu'à l'époque de Linné.

Après en avoir racheté les droits, Cavellat rentabilisera les bois gravés en publiant en 1557 un livre d'images, les *Portraits d'oiseaux*.

Maz[res 4 021.

Bibl. : Harvard fr., n°50 ; Delaunay, p. 267-271 ; Petit & Théodoridès, p. 266-271 ; Plantin, p. 37-42 ; Renouard, Cavellat n° 80 ; Jean Céard, « Pierre Belon zoologiste », *Actes du colloque Renaissance-Classicisme du Maine*, p. 129-140, Paris, 1975.

22. OLAUS MAGNUS (Olaf STOR, dit) : 1490 - 1558.

Historia de gentibus septentrionalibus, ... necnon universis pene animalibus in Septentrione degentibus, ... — Rome, J.M. de Viottis, 1555. — 2°, 815 p., index, ill.

Première édition. Nommé, après son frère, archevêque d'Upsall, Olaus Magnus vécut ses quinze dernières années en Curie à Rome où il publia cette histoire des contrées scandinaves. Les 6 derniers livres, soit le quart de l'ouvrage, sont consacrés aux animaux selon la répartition suivante : domestiques, sylvestres, oiseaux, poissons, poissons monstrueux et insectes.

L'originalité de l'ouvrage vient d'une part des animaux décrits (rennes, morses, etc.) mais aussi des commentaires qui accordent une grande importance à leur exploitation par l'homme. Le livre consacre ainsi plusieurs chapitres à des animaux ayant plusieurs « utilités » et explique par exemple de nombreuses techniques de chasse ou de pêche. Enfin, Olaus Magnus propose les animaux les plus imaginaires... Ses représentations de poissons monstrueux (25), dont certaines illustrent à la lettre des appellations comme « veau marin » ou « éléphant de mer » seront souvent copiées : elles sont à l'origine de certains des monstres marins qui peuplent les cartes de géographie.

Les rééditions et traductions de cet ouvrage attestent amplement son succès, qui s'explique par la curiosité des Occidentaux pour des informations modernes sur des contrées nordiques encore très mystérieuses.

Mus[21 599.
Nombreuses rééditions et traductions (fr., 1561 et it., 1565).

Bibl. : Harvard it., n° 270 ; Petit & Théodoridès, p. 290-292.

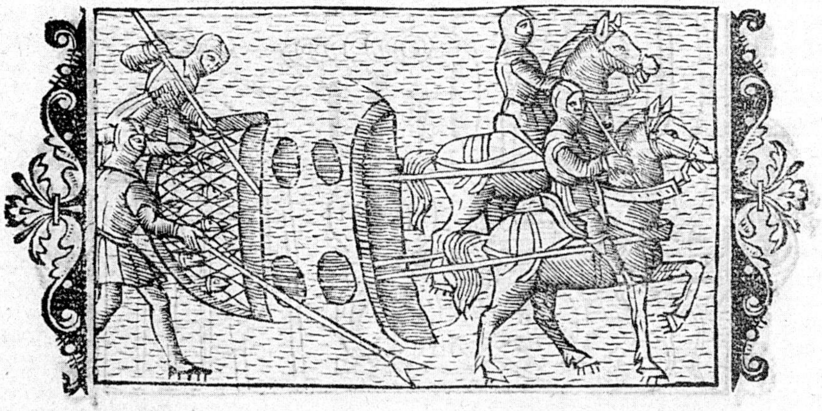

De Piſcatura equeſtrium piſcatorum.

CAP. XVI.

Ingeniũ capiendorũ piſcium varium.

MODVS hic piſcandi ſupra glaciem,in magnis lacubus, & dulcibus aquis, ac ſinibus ſalſi maris, ſingulo quoq; anno à menſe Nouembri in finem Martii, & amplius, quoties opus fuerit,pro multitudine piſcium capiẽdorum obſeruatur. Siue enim glacies ſpiſſa, ſiue niue cooperta, ſiue clara, ſiue lubrica, aut prout frigore conſtricta ſit,apparuerit, aut quomodocunque natura eam produxerit, nunquam deeſt ingenium, aut voluntas publicæ vtilitati in neceſſariis rebus fideliter inſeruiendi. Ita frigus & æſtum pariter æquo animo tolerant populi Septentrionales. Pro calcanda verò glacie, calceis tabulatis vtriſque pedibus congruentibus, ferreæ cuſpides triangulares, æqualiter in glaciem lubricam cuſpidibus verſis alligantur: quo fit, vt ad omnem motum ſolidior figatur greſſus, quemadmodum in firma terra. Si ferrum non adſit, nudis ſotularibus ſine cadendi formidine firmiter gradiuntur piſcatores. In calceis verò corii vncti, nequaquam ſtabiliuntur pedes, propter gelu, quod corium huiuſmodi illicò induratum in glacialem lubricitatem conuertit:maximè ſi rara nix vnius noctis, aut mediæ ſuper glaciem ſit reſperſa: quia hæc improuiſum reddit caſum in momento:alta verò,ſiue ſpiſſa,veſtigiis ſolidiorem inceſſum et curſum permittit. Volentes igitur piſcari ſub glacie, duo magna foramina, latitudine VIII.vel X. pedum, centum & quinquaginta, vel CC. paſſibus, à ſeinuicem directò diſtantia, aperiunt: inter quæ XXX. vel XL. minora foramina, latitudine vnius pedis & ſemis, ab vtroq; latere diſtantia XXX. pedum,intermedia conſtituunt: tum per ea à primo grandi foramine immiſſos funes haſtis longis ſub glacie dirigũt, directoſq; ad alterum magnum foramen, extremas horum funium partes ſeſſoribus equorum extrahendos committunt: iniunguntq;,vt eò velocius equos ad trahendum incitent, quò retia ad exitum properare videntur, ne piſces captos ſe ſentientes, maximè lupi, impetuoſo ſtrepitu retia frangant, & euadant. Et ſic extrahuntur plerunque pulcherrimo ſpectaculo, adeò grandi multitudine, & diuerſo genere piſces, vt non libra (cuius vſus ibi non eſt) ſed integris plauſtrorum, magnorumq; vaſorum menſuris diuidantur.

Modus calcãdi glaciem.

Calcei vncti lubrici in glacie fiunt.

Caſus improuiſus in glacie.

Mod' piſcandi cũ equis ſub glacie.

Lupi ſuper oẽs piſces retia irrũpere conantˋ

Piſces plauſtris non menſuris diuiduntur.

De curſu

Une technique de pêche originale, sur des eaux gelées.

94

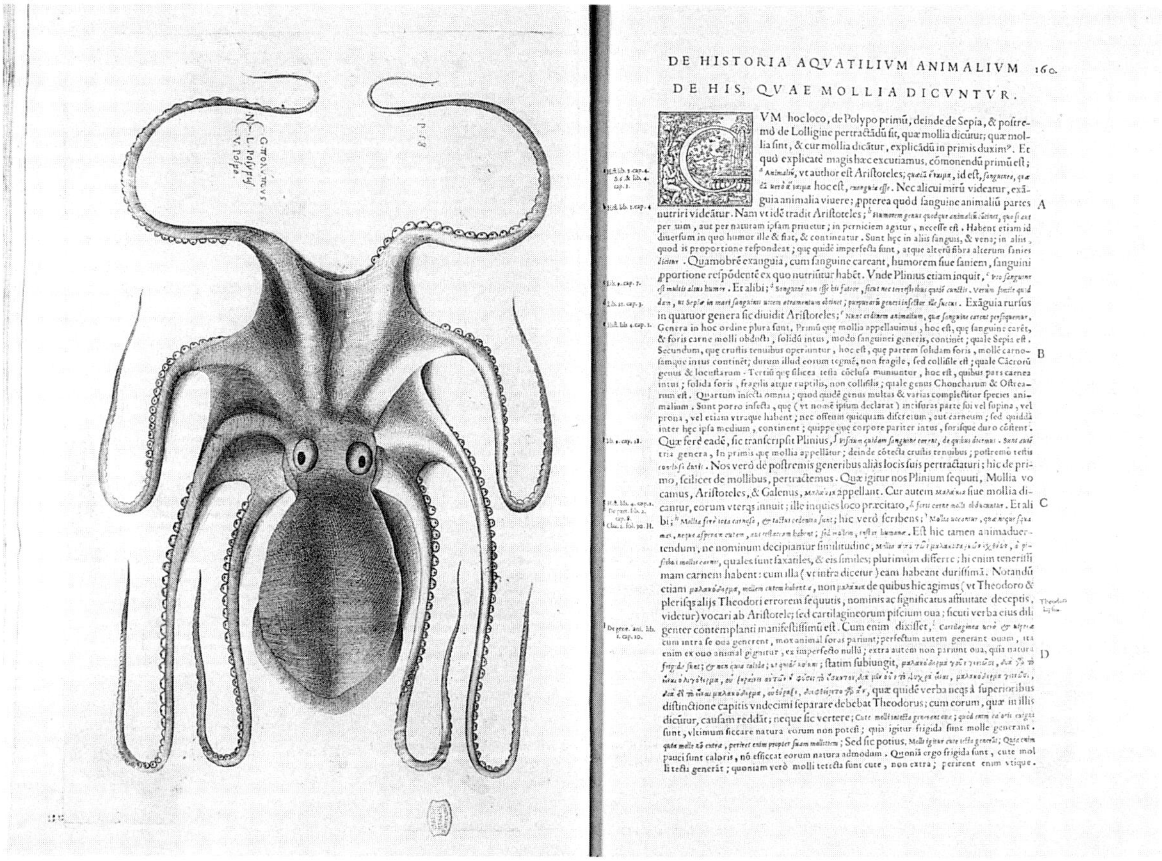

Le poulpe, l'un des rares invertébrés admis dans ce livre sur les poissons.

23. SALVIANI (Hippolito) : 1514 - 1572.

Aquatilium animalium historia, liber primus, cum eorumdem formis, aere excusis. — Rome, Hippolito Salviani, 1558. — 2°, 514 p., ill.

Ce livre est l'unique édition du principal ouvrage d'Hippolyte Salviani. Ce savant italien fut le médecin de trois papes successifs. Cette coûteuse édition, réalisée par Salviani lui-même, faillit être compromise par la mort du cardinal Cervini, son protecteur et mécène. Elle fut en tous cas plusieurs fois ajournée. On en retrouve des traces dans les nombreuses variations et corrections de dates des exemplaires conservés (l'exemplaire de la Bibliothèque Sainte-Geneviève est daté de 1544 en page de titre et de 1557 au colophon).

Contemporain de ceux de Belon, de Rondelet et de Gesner, ce livre présente trois grandes originalités :

- la présence, rarement mentionnée, d'un tableau de dix colonnes et de 112 pages, véritable prouesse typographique, où Salviani donne pour chaque animal les références de tous les passages le concernant dans les œuvres des Anciens. Il indique parfois la page et le paragraphe de l'édition citée ! (Voir introduction p. 21.)
- il est le premier à utiliser la gravure sur cuivre pour représenter les animaux décrits. Ces planches seront d'ailleurs republiées plus tard sous la forme d'un album (Harvard it., n° 454).
- Salviani ne représente que des animaux qu'il a réellement observés, et il donne un sens plus restrictif au mot poisson puisqu'il élimine tous les invertébrés, à l'exception de céphalopodes comme le poulpe.

Trop peu connu et trop souvent oublié par les historiens des sciences, ce magnifique ouvrage mériterait bien d'être étudié de plus près.

Bibl. : Harvard it., n° 454 et 455 ; Petit & Théodoridès, p. 274-5 ; Delaunay, p. 242.

24. THEVET (André) : 1503 - 1590.

Les singularités de la France antarctique... — Paris, De la Porte, 1558. — 4°, 330 p., ill.

Thevet, spécialiste de cosmographie, publia ce livre trois ans après son départ pour l'Amérique, qu'il visita du sud au nord après avoir fait escale en Afrique. S'il s'intéresse surtout à la géographie et aux mœurs des habitants, il fait également œuvre de naturaliste et rapporte de nombreux échantillons.

Le plan de son livre suit la chronologie du voyage et les animaux sont présentés au fur et à mesure. Les illustrations originales sont souvent faites d'après nature et plusieurs animaux y sont représentés pour la première fois. Mais il reste une part importante de crédulité ou de naïveté dans des représentations comme celle de l'opossum, ou dans le récit sur la chasse à la baleine racontant que les sauvages leur enfoncent des coins en bois dans les évents pour les asphyxier. Le livre se termine par une description du Canada.

Parce qu'elle était l'un des premiers documents parvenant en France sur l'Amérique du sud, cette œuvre bénéficia d'un important succès. Son contenu fut repris par Thevet lui-même dans un ouvrage d'ambition plus vaste, la *Cosmographie Universelle*, publiée en 1575, qui propose encore de nombreuses représentations d'animaux.

Il n'est pas toujours facile de reconnaître les animaux représentés par Thevet.

BSG[Δ 54 095 res.
Traduction italienne : 1561.

Bibl. : Petit & Théodoridès, p. 224-227 ; Frank Lestringant, édition critique de la *Cosmographie du Levant*, Genève, Droz, 1985.

LES SINGVLARITEZ

experience. Voyla des maladies & remedes dont vſent les Ameriques.

La maniere de traffiquer entre ce peuple. D'vn oyſeau nommé Toucan, & de l'eſpicerie du païs.

CHAP. 47.

Ombié qu'en l'Amerique y ait diuerſité de peuples, Sauuages neaumoins, mais de diuerſes ligues & factions, couſtumiers de faire guerre les vns contre les autres : toutefois ils ne laiſſent de traffiquer, tant entre eux qu'auec les eſtrangers, (ſpecialement ceux qui ſont pres de la mer) de telles choſes que porte le païs. La plus grande traffique eſt de plumes d'auſtruches, garnitures d'eſpées faictes de pennaches, & autres plumages fort exquis. Ce que lon apporte de cent ou ſix vingts lieuës, plus ou moins, auát dedans le païs: grand quantité ſemblabement de colliers blancs & noirs : auſsi de ces pierres vertes, leſquelles ils portent aux leures, comme nous auons dit cy deſſus. Les autres qui babitent ſus la coſte de la mer, ou traffiquent les Chreſtiens, reçoiuent quelques haches, couteaux, dagues, eſpées, & autres ferremés, patenoſtres de verre, peignes, mirouërs, & autres menuës beſongnes de petite valeur: dont ils traffiquent auec leurs voiſins, n'ayans autre moyen, ſinon donner vne marchandiſe pour l'autre: & en vſent ainſi, Donne moy cela, ie te donneray cecy, ſans tenir long propos. Sur la coſte de la marine, la plus frequéte marchandiſe eſt le plumage d'vn oyſeau, qu'ils appellent

Traffique des Sauuages.

DE LA FRANCE ANTARCTIQVE. 91

pellent en leur langue *Toucan*, lequel deſcrirons ſommairement, puis qu'il vient à propos. Ceſt oyſeau eſt de la grandeur d'vn pigeon. Il y en á vne autre eſpece de la forme d'vne pie, de meſme plumage que l'autre: c'eſt à ſçauoir noirs tous deux, hors-mis autour de la queuë, ou il y á quelques plumes rouges, entrelacées parmy les noires, ſoubs la poitrine plume iaune, enuiró quatre doigts, tant en longueur que largeur : & n'eſt poſsible trouuer iaune plus excellét que celuy de ceſt oiſeau: au bout de la queuë il á petites plumes rouges cóme ſang. Les Sauuages en prénent la peau, à l'endroit qui eſt iaune, & l'accommodét à faire garnitures d'eſpées à leur mode, & quelques robes, chapeaux, & autres choſes. I'ay apporté vn chapeau fait de ce plumage, fort beau & riche, lequel a eſté preſenté au Roy, comme choſe ſinguliere. Et de ces oyſeaux ne ſ'en trouue ſinon en noſtre Amerique, prenant depuis la ri-

Deſcription du Toucan, oyſeau de l'Amerique.

Chapeau eſtrange cõpoſé de plumages.

Z iij

Un oiseau d'Amérique, le toucan.
Son bec, qui faisait souvent partie des curiosités naturelles rapportées par les voyageurs, l'a vite rendu célèbre en Europe.

25. GESNER (Conrad) : 1516 - 1565.

Nomenclator aquatilium animantium, Icones animalium aquatilium... — Zurich, Ch. Froschover, 1560. — 2°, 375 p., ill., index.

Fait remarquable et souvent ignoré, les principaux textes zoologiques de la décennie 1550 ont tous été republiés sous forme d'albums d'images. Ce sont le traité de Belon sur les oiseaux, ceux de Rondelet et Salviani sur les poissons et toute l'œuvre de Gesner, republiée sous le titre *Icones*.
On retrouve dans ce volume, avec l'indication de leur origine, toutes les illustrations des prédécesseurs de Gesner ayant écrit sur les poissons, accompagnées d'un texte très réduit. On reconnaît ici, inversée latéralement, la baleine attaquant un navire d'Olaus Magnus. Un autre intérêt du livre vient de ce que les animaux sont classés selon un ordre naturel, différent de celui de l'*Historia animalium*.
Cet ouvrage d'accès plus facile bénéficiera d'un grand succès : Ambroise Paré y trouvera de nombreuses représentations d'animaux qu'il reproduit dans ses livres, quitte à réinventer parfois des textes pour les accompagner. Débordant largement le cadre de la communauté savante, les *Icones* seront également utilisées comme sources de modèles par de nombreux artistes.
Parfois publiés sans l'accord des auteurs, ces albums d'images permettent aux imprimeurs d'amortir les coûts des bois qu'ils ont fait graver. Ils traduisent aussi le fascinant pouvoir d'évocation de l'image auprès des lecteurs de la Renaissance.

Bibl. : Petit & Théodoridès, p. 254-262 ; C.A. Gmelig-Nijboer, *Conrad Gesner's* Historiae animalium, *an inventory of Renaissance zoology*, Meppel, 1977 ; Hans H. Wellish, *Conrad Gesner, a bio-bibliography*, Zug, 1984 ; L. Braun, *Conrad Gessner*, Genève, Slatkine, 1990 ; A. Serrai, *Conrad Gesner*, a cura di Maria Cochetti, Rome, Bulzoni, 1990.

Harum belluarum nomina quædam confingemus, à similitudine terrestrium, ut Apri, Hyænæ, Monocerotis, Rhinocerotis, &c. Extare quidem in immensitate illa Oceani quàm plurimas diuersas & inusitatis formis belluas, quis dubitet? Et, si non temere est, quod uulgo dicitur: nomina etiam illa accolis Oceani Germanis & Gothis cognita, testari hoc possunt: qualia sunt, Wangwal/Andwal/Schwynwal/Rauëwal/Wittewal/Schiltwal/Hanerkeit/Nonwarsrack/Trolwal/Springwal/Gerwal/Blotewal/Hill/Herill/Karckwal/Rußwal/Nachtwal/Nordwal/Wintinger/Fischsteecke/Schellewyncke/Roze/Rostinger/Schlichtback/ꝛc.

Volgend etliche Figuren auß der Tafel der beschreybung mittnächtischer landen des Olai Magni: wie wol vnd recht aber die selben contersfeetet syend/lassend wir den Olaum verantworten.

Balæna erecta grandem nauem submergens. Videntur & alia quædam Cete ex eâdem Tabula Balænis adnumeranda, quæ ipse simpliciter Cete nominat, cum præter magnitudinem Balænis præcipuè conuenientem, nullam in se corporis partem raram aut monstrosam habeant: ut sunt quæ sequuntur aliqua.

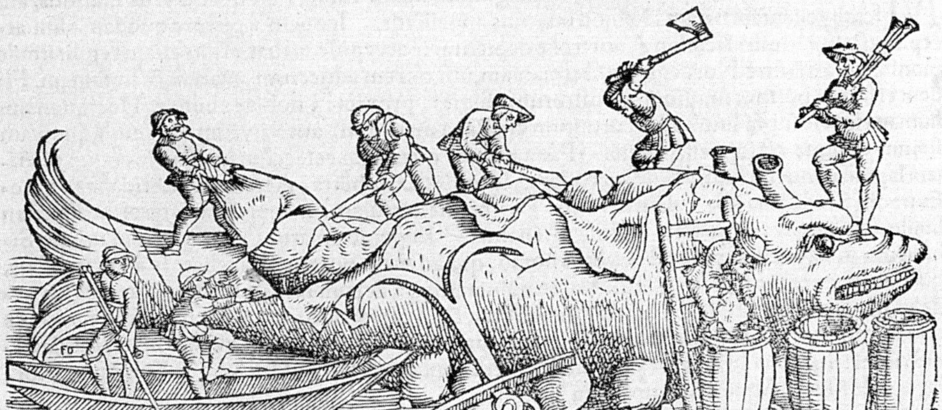

Cetus ingens, quem incolæ Faræ insulæ ichthyophagi, tempestatibus appulsum, unco comprehensum ferreo, securibus dissecant, & partiuntur inter se.

Nauta

La baleine d'après Olaus Magnus, un animal à la fois dangereux et utile.

26. GILLES (Pierre) : 1489 - 1555.

Descriptio nova elephanti, à la suite d'une réédition de l'***Historia animalium*** d'Elien. — Lyon, G. Rouillé, 1562. — 8°, 28 p.

Première édition d'une monographie originale de Pierre Gilles, ajoutée à la suite d'une réédition de sa traduction de l'*Histoire des animaux* d'Elien (12). Il est intéressant de noter que c'est la lecture d'un manuscrit d'Elien possédé par son protecteur, Georges d'Armagnac, qui incita Pierre Gilles à se tourner vers l'observation des animaux, ce qui va à l'encontre du cliché trop souvent rencontré selon lequel les études livresques s'opposent aux observations de terrain.

Envoyé au Proche-Orient par François Ier à la recherche de manuscrits anciens, Pierre Gilles se trouva dépourvu de ressources à la mort du roi. Il s'enrôla dans l'armée turque alors en guerre contre la Perse (1548) et parcourut ainsi de nombreuses autres régions. Il perdit malheureusement une grande partie de ses notes de voyage au cours de son enlèvement par des pirates lors de son retour à Rome en 1554.

Cette description de l'éléphant a été rédigée après sa mort à partir des quelques notes conservées. Ayant pu observer un animal acheté par l'ambassadeur de France à l'intention du roi mais qui mourut en route, Pierre Gilles en donne les différentes mensurations, ainsi qu'une interprétation des défenses qu'il considère comme des cornes. Il décrit ensuite quelques autres animaux remarquables comme l'hippopotame ou la girafe.

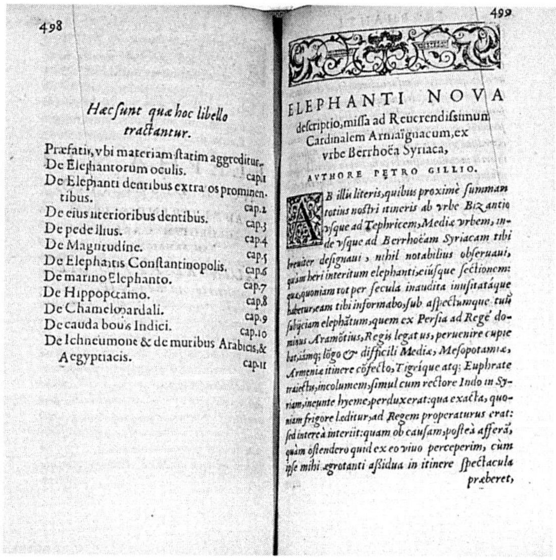
498

Hæc sunt quæ hoc libello tractantur.

Præfatio, vbi materiam statim aggreditur.
De Elephantorum oculis. cap.1
De Elephanti dentibus extra os prominentibus. cap.2
De eius interioribus dentibus. cap.3
De pede illius. cap.4
De Magnitudine. cap.5
De Elephantis Constantinopolis. cap.6
De marino Elephanto. cap.7
De Hippopotamo. cap.8
De Chamelopardali. cap.9
De cauda bouis Indici. cap.10
De Ichneumone & de muribus Arabicis, & Aegyptiacis. cap.11

499

ELEPHANTI NOVA descriptio, missa ad Reuerendissimum Cardinalem Armaïgnacum, ex vrbe Berrhoëa Syriaca,

AVTHORE PETRO GILLIO.

AB illis literis, quibus proximè summam totius nostri itineris ab vrbe Bizantio vsque ad Tephricem, Mediæ vrbem, inde vsque ad Berrhoëam Syriacam tibi breuiter designaui, nihil notabilius obseruaui, quàm heri interitum elephanti, eiúsque sectionem: quæ, quoniam tot per secula inaudita inusitatáque habetur, eam tibi informabo, sub aspectúmque tuũ subijciam elephãtum, quem ex Persia ad Regẽ dominus Aramõtius, Regis legatus, peruenire cupiebat, iámq; lõgo & difficili Mediæ, Mesopotamiæ, Armeniæ itinere cõfecto, Tigríque atq; Euphrate traiectis, incolumem, simul cum rectore Indo in Syriam, ineunte hyeme, perduxerat: qua exacta, quoniam frigore leditur, ad Regem properaturus erat: sed intereà interiit: quam ob causam, posteà afferã, quàm ostendero quid ex eo viuo perceperim, cùm ipse mihi ægrotanti aßidua in itinere spectacula præberet,

Table des matières et début du texte sur l'éléphant.

Mus[7 246.
Réédition en 1565 ; opuscule sur l'éléphant édité seul en 1614.

Bibl. : Petit & Théodoridès, p. 288-290 ; Delaunay, p. 6-8 ; E.T. Hamy, « Le père de la zoologie française, Pierre Gilles d'Albi », *Nouvelles Archives du Museum*, 4e série, Paris, Masson, s.d. (vers 1900) ; C. Jacob : « Le voyage de Pierre Gilles et la tradition des géographes grecs mineurs », *Voyager à la Renaissance, actes de colloque de Tours 1983*, Paris, Maisonneuve et Larose, 1987, pp. 65-85.

27. ACOSTA (Le P. José de) : 1539 - 1600.

Historia natural y moral de las Indias, ... — Barcelone, J. Cendrat, 1591. — 8°, 692 p., table.

Deuxième édition espagnole, de format réduit, de l'ouvrage du jésuite d'Acosta qui vécut longtemps en Amérique où il fut missionnaire. Dans ce traité d'ambition générale (géographie, économie, mœurs, etc.), les animaux n'occupent qu'une faible place : seulement 9 des 42 chapitres du livre 4.

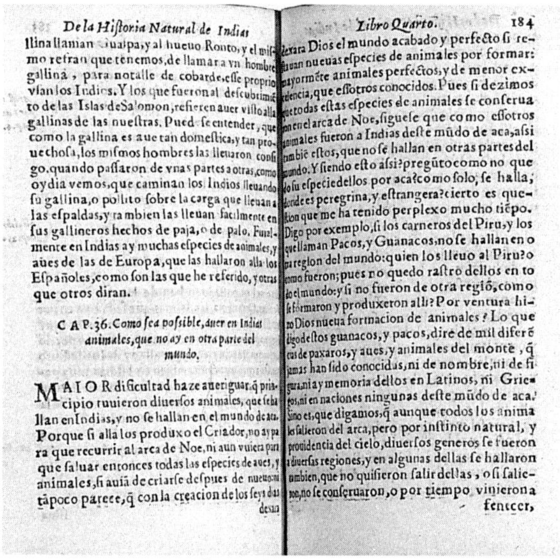
De la Hiſtoria Natural de Indias
llina llaman ·iuaipa, y al hueuo Ronto, y el miſmo refran que tenemos, de llamar a vn hombre gallina, para notalle de cobarde, eſſe proprio vſan los Indios. Y los que fueron al deſcubrimiẽto de las Islas de Salomon, refieren auer viſto alla gallinas de las nueſtras. Pued ſe entender, que como la gallina es aue tan domeſtica, y tan prouechoſa, los miſmos hombres las lleuaron conſigo, quando paſſaron de vnas partes a otras, como oy dia vemos, que caminan los Indios lleuando ſu gallina, o pollito ſobre la carga que lleuan a las eſpaldas, y tambien las lleuan facilmente en ſus gallineros hechos de paja, o de palo. Finalmente en Indias ay muchas eſpecies de animales, y aues de las de Europa, que las hallaron alla los Eſpañoles, como ſon las que he referido, y otras que otros diran.

CAP. 36. Como ſea poſsible, auer en Indias animales, que no ay en otra parte del mundo.

MAIOR dificultad haze aueriguar, q̃ principio tuuieron diuerſos animales, que ſe hallan en Indias, y no ſe hallan en el mundo de aca. Porque ſi alla los produxo el Criador, no ay para que recurrir al arca de Noe, ni aun vuiera para que ſaluar entonces todas las eſpecies de aues, y animales, ſi auiã de criarſe deſpues de nueuo: ni tãpoco parece, q̃ con la creacion de los ſeys dias deſan

Libro Quarto. 184
dexara Dios el mundo acabado y perfecto ſi restauan nueuas eſpecies de animales por formar: mayormẽte animales perfectos, y de menor excelencia, que eſſotros conocidos. Pues ſi dezimos que todas eſtas eſpecies de animales ſe conſeruaron en el arca de Noe, ſigueſe que como eſſotros animales fueron a Indias deſte mũdo de aca, aſsi tambiẽ eſtos, que no ſe hallan en otras partes del mundo. Y ſiendo eſto aſsi? pregũto como no quedo ſu eſpecie dellos por aca? como ſolo, ſe halla, donde es peregrina, y eſtrangera? cierto es queſtion que me ha tenido perplexo mucho tiẽpo. Digo por exemplo, ſi los carneros del Piru, y los que llaman Pacos, y Guanacos, no ſe hallan en otra region del mundo: quien los lleuo al Piru? o como fueron; pues no quedo raſtro dellos en todo el mundo: y ſi no fueron de otra regiõ, como ſe formaron y produxeron alli? Por ventura hizo Dios nueua formacion de animales? Lo que digo deſtos guanacos, y pacos, dire de mil diferẽcias de paxaros, y aues, y animales del monte, q̃ jamas han ſido conocidas, ni de nombre, ni de figura, ni ay memoria dellos en Latinos, ni Griegos, ni en naciones ningunas deſte mũdo de aca. Sino es, que digamos, q̃ aunque todos los animales ſalieron del arca, pero por inſtinto natural, y prouidencia del cielo, diuerſos generos ſe fueron a diuerſas regiones, y en algunas dellas ſe hallaron tambien, que no quiſieron ſalir dellas, o ſi ſalieron, no ſe conſeruaron, o por tiempo vinieron a fenecer,

Comment est-il possible de trouver en Inde des animaux n'existant pas dans les autres parties du monde ?

En plus des quelques descriptions précises d'animaux qu'il propose et des légendes qu'il colporte, d'Acosta se pose des questions particulièrement intéressantes sur l'histoire du peuplement, animal et humain, du Nouveau Monde. Il distingue ainsi les espèces introduites par les Espagnols en Amérique, les espèces communes aux deux continents et les espèces propres à l'Amérique, celles qui lui posent le plus de problèmes. Refusant l'idée d'une création postérieure au Déluge, il admet que ces dernières espèces étaient présentes dans l'Arche et qu'elles ont migré depuis l'Ancien Monde avant de cesser d'y être représentées.

Ainsi, ce petit livre sans illustrations a l'originalité de proposer une réflexion de fond plutôt qu'une toute nouvelle tentative d'inventaire du monde animal.

BSG[S 8° 33 inv 1584 res.
Nombreuses éditions, traductions françaises (dès 1598).

Bibl. : Petit & Théodoridès, p. 219-222 ; José de Acosta, *Historia natural y moral de las Indias (Séville, Juan de León, 1590), apéndice y antología per Barbara G. Beddall*, Valence, Hispaniae Scientia, 1977 ; Opsomer J.E., « Sur une réédition de l'*Historia natural y moral de las Indias* de José de Acosta (Séville 1590) », *Bulletin des Séances de l'Académie Royale des Sciences d'Outre-Mer*, 1980, 29 (2), 177-191 ; S. Valcárcel Martínez, « El Padre José de Acosta », *Thesaurus*, 1989, 44 : 389-428.

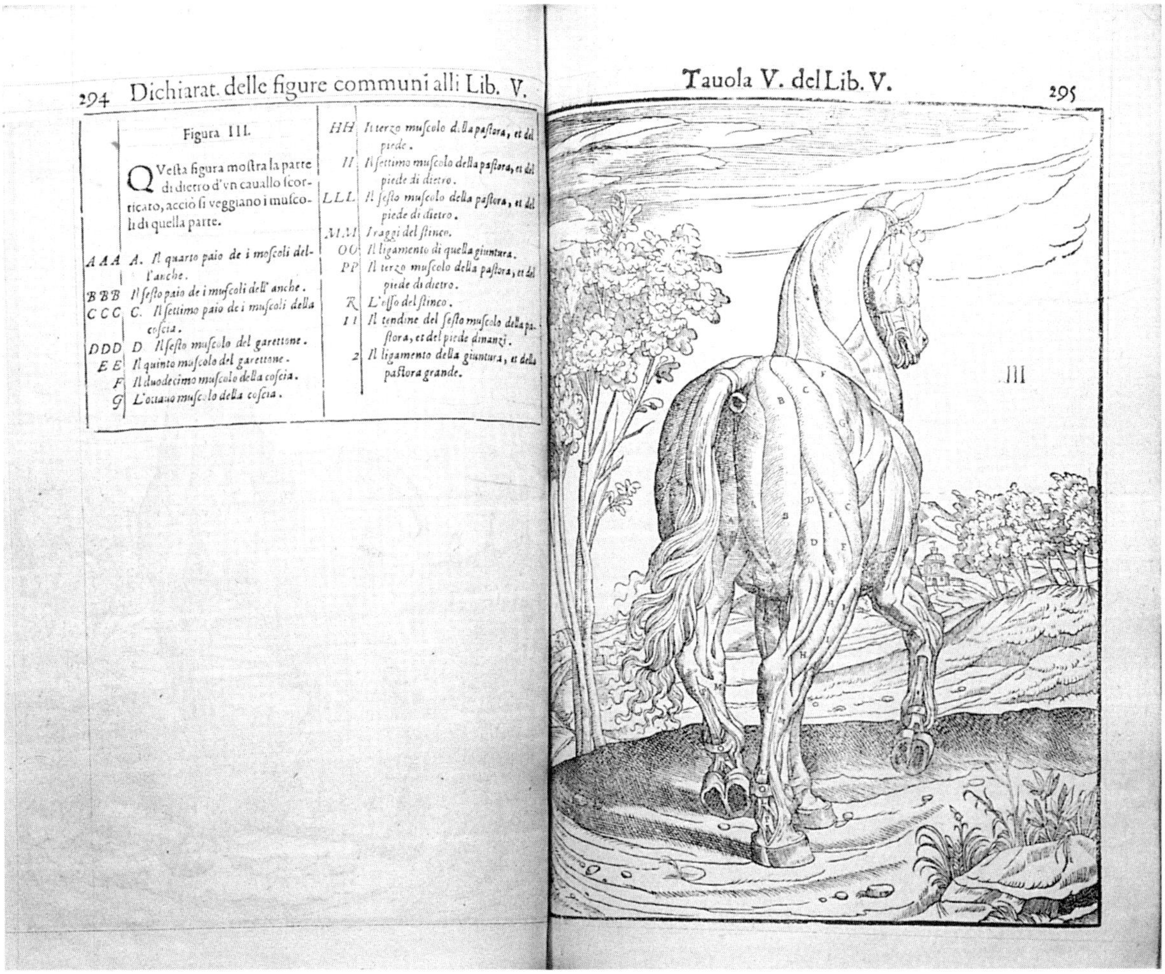

294 Dichiarat. delle figure communi alli Lib. V.

Figura III.

Questa figura mostra la parte di dietro d'vn cauallo scorticato, acciò si veggiano i muscoli di quella parte.

AAA A. Il quarto paio de i moscoli dell'anche.
BBB Il sesto paio de i muscoli dell'anche.
CCC C. Il settimo paio de i muscoli della coscia.
DDD D Il sesto muscolo del garettone.
EE Il quinto muscolo del garettone.
F Il duodecimo muscolo della coscia.
G L'ottauo muscolo della coscia.
HH Il terzo muscolo della pastora, et del piede.
II Il settimo muscolo della pastora, et del piede di dietro.
LLL Il sesto muscolo della pastora, et del piede di dietro.
MM I raggi del stinco.
OO Il ligamento di quella giuntura.
PP Il terzo muscolo della pastora, et del piede di dietro.
R L'osso del stinco.
11 Il tendine del sesto muscolo della pastora, et del piede dinanzi.
2 Il ligamento della giuntura, et della pastora grande.

Tauola V. del Lib. V. 295

Cette présentation d'un animal écorché dans un paysage rappelle le livre de Vésale sur l'anatomie humaine.

28. RUINI (Carlo) : *c.* 1530 - 1598.

Dell' anotomia et dell'infirmita del cavallo. — Bologne, héritiers de G. Rossi, 1598. — 2°, 2 parties en 1 vol., 296 et 386 p., index, ill.

Première édition, publiée l'année de la mort de son auteur, riche sénateur de Bologne. La première partie de livre, consacrée à l'anatomie, est au cheval ce que le *De Fabrica* de Vésale (1543) est à l'homme. Cette monographie se distingue en effet par son abondante illustration, si belle qu'on a parfois été tenté d'en attribuer le mérite à Léonard de Vinci. Ce sont de grandes planches gravées sur bois dont les légendes sont présentées sous forme de tableaux. Chaque planche comporte plusieurs figures numérotées, avec des lettres de rappel pour les légendes.

On atteint ici l'un des sommets de l'utilisation de l'illustration. Elle joue d'une part par sa valeur artistique et décorative mais elle est aussi le principal support du contenu du livre : les images et leurs légendes occupent près de la moitié de l'ouvrage. Cette formule trouvera le succès : rééditions et plagiats seront nombreux.

La première partie s'achève sur l'image d'un cheval écorché qui montre la musculature de son arrière-train tournant le dos au lecteur pour se diriger tranquillement vers un paysage de campagne italienne.

14 rééditions jusqu'en 1769.

Bibl. : Petit & Théodoridès, p. 286-287 ; H?P. Bayou, « The anthorship of Carlo Ruini's *Anatomia del cavallo* », *Journal of Comparative Pathology and Therapeutics* 48 (1935), p. 138-148.

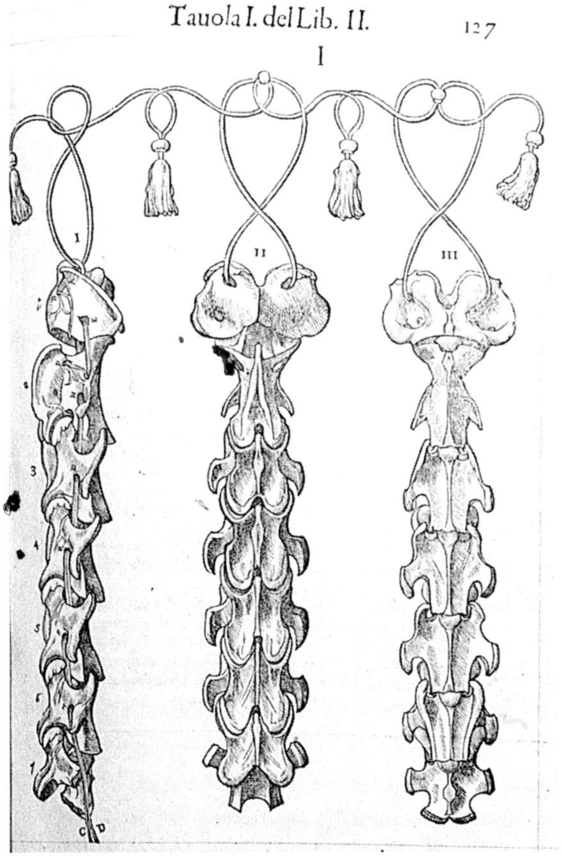

Vertèbres, habilement présentées sous leurs différentes faces.

538 Vlysis Aldrouandi

indigitant, iam tota noctuarum turba in Vlulas abeat necesse est. Vt uerò opinionem hanc nostram ueram esse probemus, Iconem, quam Ornithologus ponit, hic subijcere etiam visum est.

DE VLVLA. Cap. VI.

VLVLAM Aluconi, vtpotè Gallinaceo maiori postposuimus, quòd Gallo … natura fecit & Aristoteles agnoscit. Reliquis igitur nempè auritis (excepto … Alucone, præsertim maiore minor est, & Noctuam solam magnitudine superat, & … ne illi præfertur.

NOMEN-

Ornithologiæ Lib. VIII. 539

NOMENCLATVRA.

FORMA.

DESCRIPTIO.

La chouette.

29. ALDROVANDI (Ulysse) : 1522 - 1605.

Ornithologia, hoc est de avibus historiae libri XII. (tome 1) — Bologne, Francesco de Franciscis, 1599. — 2°, 893 p., index, ill.
[Les tomes 2 et 3 ont été édités par J.-B. Bellagamba, également à Bologne].

Premier tome du traité sur les oiseaux de l'*Histoire naturelle* d'Aldrovandi, qu'il commença à publier à l'âge de 77 ans. C'est à la suite de sa rencontre avec Rondelet que ce médecin italien s'est tourné vers l'étude des animaux. Mais son œuvre prendra une telle ampleur qu'elle ne sera publiée que beaucoup plus tard. L'ouvrage sur les oiseaux compte plus de 2 000 pages : c'est une encyclopédie encore plus large que celle de Gesner. Aldrovandi reprend tout ce qui a été dit ou écrit sur chaque animal, réel ou inventé, et présente toutes ses utilisations possibles, de la cuisine à l'héraldique.

Par rapport à Gesner, de nombreux animaux du Nouveau Monde sont ajoutés, ce qui s'explique par le demi-siècle d'écart entre les dates de publications. Enfin, Aldrovandi classe ses animaux d'après la morphologie, la nourriture et l'habitat, à la différence de son prédécesseur. Le premier tome de l'*Ornithologie* est consacré aux rapaces, mais on y trouve également des oiseaux « de transition », comme l'autruche et la chauve-souris.

On notera les intentions courtisanes et promotionnelles du frontispice par lequel Aldrovandi présentant son œuvre au pape Clément VIII se met sur le même plan qu'Aristote et Pline qui offrent respectivement les leurs à Alexandre et à Vespasien ! Ce frontispice symbolise également la continuité historique dans laquelle la démarche scientifique d'Aldrovandi cherche à s'inscrire. (Voir introduction p. 17.)

Représentation égyptienne du griffon.

Bibl. : Petit & Théodoridès, p. 262-266 ; Plantin, p. 22-23 ; Dion, p. 11-13 ; G. Olmi, *Ulisse Aldrovandi : scienza e natura nel secondo Cinquecento*, Trente, 1979 ; G. Olmi : « Observatione della natura e reffigurazione in Ulisse Aldrovandi », *Annali dell'Istituto storico italo-germanico in Trento*, 3, 1977.

30. ALDROVANDI (Ulysse) : 1522 - 1605.

De animalibus insectis libri septem, ... — Bologne, J.B. Bellagamba, 1602. — 2°, 824 p., ill., index.

Première édition. Ce traité d'Aldrovandi, l'un des derniers publiés du vivant de l'auteur, est le premier livre imprimé consacré aux invertébrés, animaux dont la petite taille suscite moins l'intérêt des savants. Il paraît en effet 32 ans avant celui qui sera édité à partir des notes de Gesner (**33**) pour lequel il servira de modèle.

Le mot « insecte » désigne simplement ici des animaux de petite taille : le livre décrit ainsi, en plus des insectes au sens moderne, des vers, des mollusques mais aussi des étoiles de mer. Il propose certains éléments de classification, puisque les insectes sont répartis en fonction du nombre de leurs paires d'ailes et de leur milieu de vie. L'abeille par laquelle s'ouvre le livre occupe une place toute particulière : l'auteur détaille longuement les différentes vertus du miel.

Comme les autres traités d'Aldrovandi, ce livre est muni d'un index polyglotte où figurent, le latin, le grec, l'hébreu et plus d'une douzaine d'autres langues ! Quant aux images, elles sont souvent réunies dans des planches qui rassemblent de nombreuses représentations d'animaux proches.

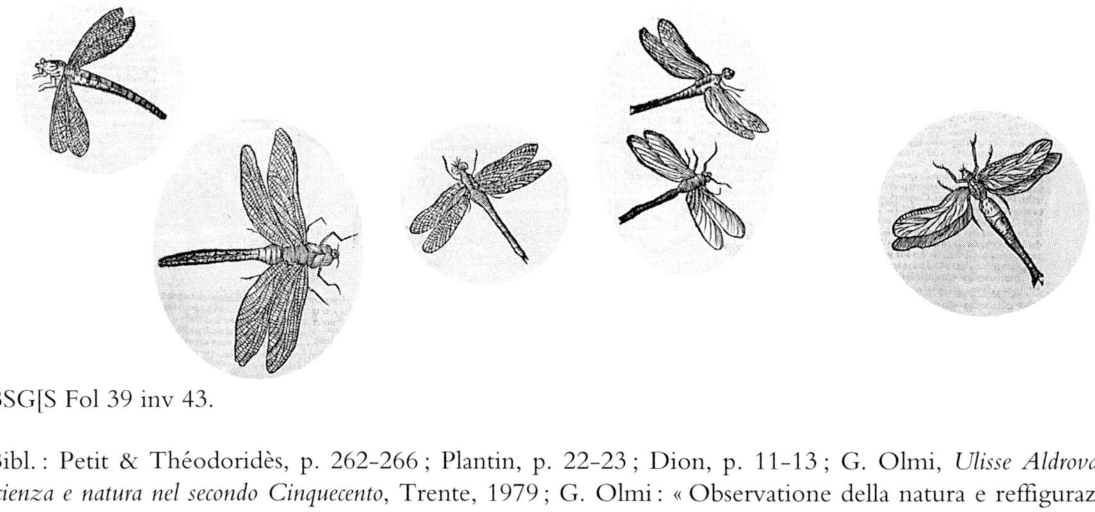

Bibl. : Petit & Théodoridès, p. 262-266 ; Plantin, p. 22-23 ; Dion, p. 11-13 ; G. Olmi, *Ulisse Aldrovandi : scienza e natura nel secondo Cinquecento*, Trente, 1979 ; G. Olmi : « Observatione della natura e reffigurazione in Ulisse Aldrovandi », *Annali dell'Istituto storico italo-germanico in Trento*, 3, 1977 ; Sandra Tugnoli Pattaro, *La formazione scientifica e il « Discorso naturale » di Ulisse Aldrovandi*, Trente, Université, 1977.

Une page de titre particulièrement travaillée.

31. L'ECLUSE (Charles de) : 1526 - 1609.

Exoticorum libri decem, quibus animalium, plantarum, ... historiae describuntur, item Petri Bellonii observationes. — [Anvers], Raphalengius, officine de Plantin, 1605. — 2°, plusieurs parties en un volume, ill., index.

Elève puis collaborateur de Rondelet, Charles de L'Ecluse (ou Clusius) est avant tout botaniste. Excellent latiniste, il traduit de nombreux ouvrages étrangers en latin. Livre composite, les *Exoticorum libri* rassemblent plusieurs traductions déjà publiées ainsi que quelques traités de l'auteur apportant des données originales sur la faune et la flore du Nouveau Monde.

De nombreux animaux y sont représentés pour la première fois, comme par exemple l'émeu ou la limule. Ces gravures très fidèles ont été établies d'après nature et permettent une très bonne reconnaissance des animaux décrits. Elles seront reprises par Aldrovandi et ses successeurs. Elles témoignent également de la grande qualité du travail des graveurs anversois appartenant à l'atelier de Plantin.

L'Ecluse a également inclus dans cet ouvrage une réédition des *Observationes* de Belon. C'est le récit d'un voyage au Proche-Orient au cours duquel Belon s'est attaché à retrouver sur place les plantes et les animaux de ces contrées décrits par les Anciens. Ce texte est accompagné de quelques illustrations originales d'animaux pour lesquelles l'imprimeur a réutilisé les bois d'une autre édition anversoise publiée en 1589.

Bibl. : Delaunay, p. 133 et 164 ; Plantin, p. 42-44 ; F.W.T. Hunger, *Charles de L'Ecluse*, 2 vols., La Haye, 1927 ; *Carolus Clusius und seine Zeit : symposium in Güssing*, 1973, Vorträge (Wissenschaftliche Arbeiten aus dem Burgenland, 54), Eisenstadt, Bürgenländisches Landesmuseum, 1974.

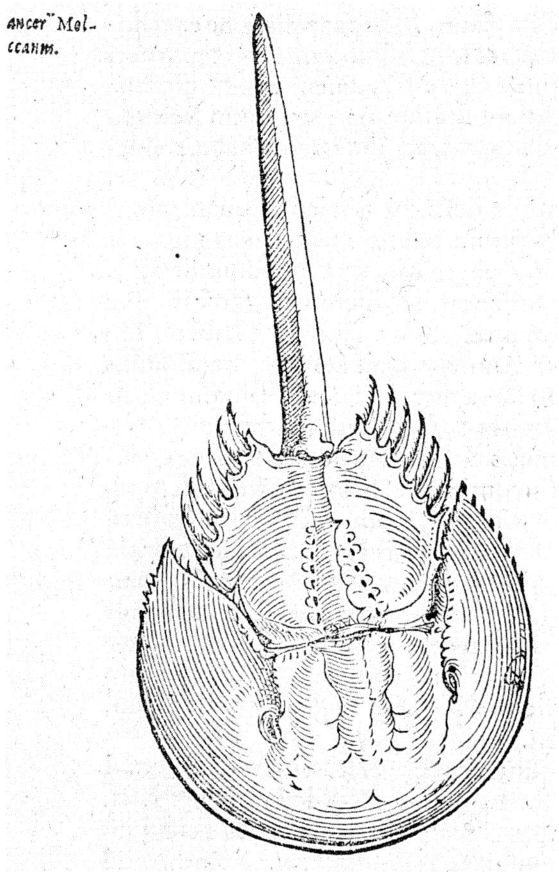

La limule.

gavit, eamque valdè brevem: ex pictura quam ad avis ipſius magnitudinem Illuſtriſſimus Comes vivis coloribus exprimendam curaverat, Illuſtriſſima verò Domina Sabina ab Egmonda, defuncti vidua, mihi commodabat, procurante ornatiſſimo & honeſtiſſimo viro Antonio de Flory, ipſius Conſiliario, illius exemplar, in anguſtam formam contractum, in lignea tabella exprimendum (adjectâ ipſius avis gemellâ plumâ, atque ad ejus pedes ovo) curabam, ut Lectoris oculis proponerem.

Emeu avis historia.

HÆC porrò avis, dum ſurrecto capite incedebat, quatuor pedum & aliquot unciarum altitudinem excedebat: nam collum à ſummo capite ad dorſi initium, tredecim pænè uncias erat longum, ipſum corpus binos pedes latum, femora cum cruribus uſque ad pedum inflexionem, decem & ſeptem uncias longa: corporis autem ipſius longitudo à pectore ad orrhopygiû, trium ferè pedum erat. Pennæ, ſeu veriùs plumæ, totum avis corpus cum infima colli parte dorſo & pectori proxima, atque femoribus, tegentes, perpetuò erant geminæ ex eodem parvo brevique tubulo prodeuntes, & ſibi invicem incumbentes, ſuperna quidem paullò craſſior, inferna verò tenuior & delicatior, illæque variæ longitudinis, ut in ſimilis avis exuvio, quod ornatiſſimus vir Chriſtianus Porretus Leydenſis pharmacopœus diligentiſſimus habebat, obſervabam: quæ enim in infima colli parte, breviores erant: quæ in medio corpore & lateribus, longiores, ſex videlicet aut ſeptem unciarum: quæ autem in extremo corpore, circa orrhopygium (nam cauda carebat) novem uncias longæ, & reliquis duriores, quanquam omnes duræ & rigidæ, attamen non latæ, ſed anguſtæ, & rarioribus lateralibus pilis ex adverſo ſitis præditæ, nigri coloris, quæ tamen circum femora, ad cineraceum ferè tendentis, nigro permanente nervo, ut in reliquis: eam verò formam & ſitum habebant illæ plumæ, ut à procul aſpicientibus, non plumis, ſed villis dumtaxat tectum ejus avis corium exiſtimari poſſet, quale urſinum eſt, & alis carere, tametſi alas haberet, ſed ſub plumis, latera tegentibus, latentes, & quatuor majoribus pennis nigris præditas, ut in exuvio obſervabam, tametſi illæ abruptæ eſſent, nec de illarum longitudine certi quidpiam pronunciare poſſim, caules tamen confracti ſatis craſſi, durique & ſolidi erant, atque in extimam alæ partem altè penetrabant: alæ verò pars ſuperior corpori contigua, pennas ſive plumas veſtitrices, illis ſimiles quæ in pectore, adhuc retinebat: ad hoc autem datas ejuſmodi alas cenſendum eſt, ut currentem adjuvent, quia hanc avem non eſſe volucrem, nec à terra tolli poſſe, arbitror: crura in ambitu quinque unciarum craſſitudinem ſuperabant, crebriſque corticibus ceu ſquamis latis tecta erant, præſertim ſupra pedis inflexionem: pedes habebat craſſos, duros, tribus craſſis digitis præditos, pronâ parte veluti ſquamis tectos, ſupinâ prorſus calloſos; quorum medius, qui reliquis longior, tribus articulis conſtabat, interior uno, exterior binis: omnium ungues valdè magni, binas pænè uncias longi, craſſi, duri, & cornei: ejus caput exiguum, pro avis magnitudine, & ferè glabrum, coloris ex atro cærulei, cum colli ſupremâ parte, in quo apparebant rari pili nigri: oculi paullò ſupra roſtri fiſſuram magni, ardentes & truces, leonis oculis pænè ſimiles; quos cingebant nigri pili, quemadmodum & meatus illos aurium parvos & detectos, quos ponè oculos habebat: roſtri prona pars quodammodo arcuata erat, paulloque ſupra mucronem binis foraminibus, narium uſum præbentibus, prædita; à cujus medio, ad capitis uſque verticem porrectum diadema aſſurgebat corneæ ſubſtantiæ, tres ferè uncias altum, coloris ex flavo fuſci, quod cum plumarum defluvio cadere, &, quùm plumæ renaſcuntur, novum creſcere intelligebam: ſupina roſtri pars, ab ejus ſciſſura ad extremum mucronem, quinas uncias longa: anterior colli pars, quatuor pænè unciis infra roſtrum, bina veluti membranacea palearia, ceu barbulas, propendentia habebat

Les plumes de l'émeu, oiseau américain, rappellent le pelage des quadrupèdes.

IV - Exploration

EXERCITATIO
ANATOMICA DE
MOTV CORDIS ET SAN-
GVINIS IN ANIMALI-
BVS,
GVILIELMI HARVEI ANGLI,
Medici Regii, & Professoris Anatomiæ in Col-
legio Medicorum Londinensi.

FRANCOFVRTI,
Sumptibus GVILIELMI FITZERI.
ANNO M. DC. XXVIII.

Page de titre.

32. HARVEY (William) : 1578 - 1657.

Exercitatio de motu cordis et sanguinis in animalibus. — Francfort, G. Fitzer, 1628. — 4°, 72 p., 1 pl.

Première édition. Médecin du roi et professeur d'anatomie, Harvey bouscula de nombreuses idées reçues avec la publication de son livre sur la circulation du sang. En effet, s'il était bien établi que le sang se déplace dans les veines, l'affirmation de la circularité de ce mouvement était nouvelle et en tous cas contraire aux écrits de Galien.

Si ce résultat est particulièrement important pour la connaissance de l'homme et la médecine (la planche du livre propose une démonstration « externe » sur les veines du bras humain), c'est à partir d'expériences sur des animaux que Harvey l'a établi. Il raconte en effet dans son ouvrage ses dissections d'animaux vivants. Il effectua ensuite des recherches sur le développement embryonnaire, publiées en 1651 dans les *Exercitationes de generatione animalium*.

Le livre se présente sous la forme d'une suite de descriptions d'observations conduisant à l'hypothèse de la circulation, suivie d'une série de confirmations de cette hypothèse. Ce petit ouvrage bénéficia bien sûr d'un succès très important et ses rééditions tout au long du XVIIe siècle sont particulièrement nombreuses.

Bibl. : Petit & Théodoridès, p. 312-313 ; PMM, n° 127 ; Sir G. Keynes, *A bibliography of the works of Dr William Harvey*, Cambridge, 1953 ; W. Pagel, *New light on William Harvey*, Bâle, Karger, 1976 ; J.J. Bylebyl ed., *William Harvey and his age : the professional and culturel context of the discovery of the circulation*, Baltimore, John Hopkins University Press, 1979 ; R. French, *William Harvey's natural philosophy*, Cambridge University Press, 1994.

33. MOUFET (Thomas) : 1553 - 1604.

Insectorum sive minimorum animalium theatrum... — Londres, Th. Cotes, 1634.— 2°, 330 p., ill., index.

Edition originale, publiée à titre posthume à partir d'un manuscrit conservé aujourd'hui au British Museum. C'est l'une des principales œuvres de Thomas Moufet (Muffet en anglais), médecin et homme de cour anglais qui publia de son vivant de nombreux traités médicaux.
Ce livre est le résultat de la longue errance des documents réunis par Gesner en vue de la publication d'un traité sur les insectes (18). Les notes de ce savant ont été reprises après sa mort par Thomas Penny qui les complète avec celles de Wotton (19). Moufet hérite de l'ensemble à la mort de Penny en 1589 et tente de le faire imprimer dès 1590, mais doit y renoncer, faute d'imprimeur intéressé. C'est seulement en 1634 que le livre verra le jour, dans une édition bon marché utilisant des gravures sur bois et un papier de qualité moyenne. Ces difficultés rappellent l'importance des facteurs techniques et commerciaux dans la parution du livre : l'appel au mécénat est souvent nécessaire.
Ce livre commence par l'abeille, comme celui d'Aldrovandi, dont il s'inspire et où il reprend un certain nombre d'illustrations. Il présente toutefois un nombre sensiblement plus grand d'animaux et de gravures, établissant des relations plus étroites entre texte et image. Une partie importante du livre recense des remèdes médicaux concernant les « insectes » dont la dénomination est toujours prise dans son sens large.

Traduction anglaise, ajoutée à l'*History of four-footed beasts* de Topsell, 1658.

Bibl. : Petit & Théodoridès, p. 279-280 ; Ch. Raven, *English naturalists from Neckham to Ray*, Cambridge, 1947, p. 172-191 ; H. M. Fraser , « Moufet's *Theatrum insectorum* », *Gesnerus*, 3 (1946), p. 131-134.

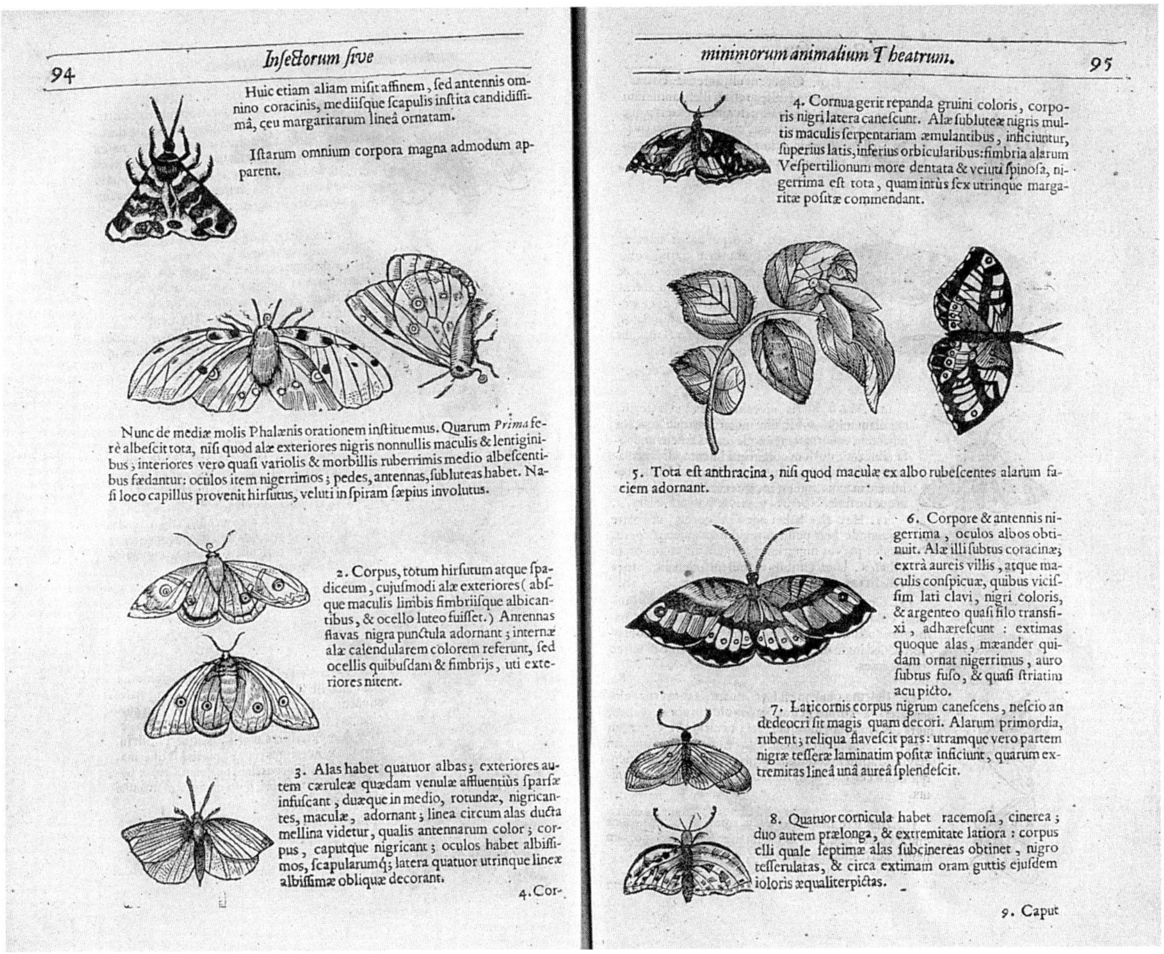

94 *Insectorum sive*

Huic etiam aliam misit affinem, sed antennis omnino coracinis, mediisque scapulis instita candidissimâ, ceu margaritarum lineâ ornatam.

Istarum omnium corpora magna admodum apparent.

Nunc de mediæ molis Phalænis orationem instituemus. Quarum *Prima* ferè albescit tota, nisi quod alæ exteriores nigris nonnullis maculis & lentiginibus; interiores vero quasi variolis & morbillis ruberrimis medio albescentibus fœdantur: oculos item nigerrimos; pedes, antennas, subluteas habet. Nasi loco capillus provenit hirsutus, veluti in spiram sæpius involutus.

2. Corpus, totum hirsutum atque spadiceum, cujusmodi alæ exteriores (absque maculis limbis fimbriisque albicantibus, & ocello luteo fuisset.) Antennas flavas nigra punctula adornant; internæ alæ calendularem colorem referunt, sed ocellis quibusdam & fimbrijs, uti exteriores nitent.

3. Alas habet quatuor albas; exteriores autem cæruleæ quædam venulæ affluentiùs sparsæ infuscant, duæque in medio, rotundæ, nigricantes, maculæ, adornant; linea circum alas ducta mellina videtur, qualis antennarum color; corpus, caputque nigricant; oculos habet albissimos, scapularumq; latera quatuor utrinque lineæ albissimæ obliquæ decorant.

4. Cor-

minimorum animalium Theatrum. 95

4. Cornua gerit repanda gruini coloris, corporis nigri latera canescunt. Alæ subluteæ nigris multis maculis serpentariam æmulantibus, inficiuntur, superius latis, inferius orbicularibus: fimbria alarum Vespertilionum more dentata & veluti spinosa, nigerrima est tota, quam intùs sex utrinque margaritæ positæ commendant.

5. Tota est anthracina, nisi quod maculæ ex albo rubescentes alarum faciem adornant.

6. Corpore & antennis nigerrima, oculos albos obtinuit. Alæ illi subtus coracinæ; extrà aureis villis, atque maculis conspicuæ, quibus vicissim lati clavi, nigri coloris, & argenteo quasi filo transfixi, adhærescunt: extimas quoque alas, mæander quidam ornat nigerrimus, auro subtus fuso, & quasi striatim acu picto.

7. Laticornis corpus nigrum canescens, nescio an dedecori sit magis quam decori. Alarum primordia, rubent; reliqua flavescit pars: utramque vero partem nigræ tesseræ laminatim positæ inficiunt, quarum extremitas lineâ unâ aureâ splendescit.

8. Quatuor cornicula habet racemosa, cinerea; duo autem prælonga, & extremitate latiora: corpus elli quale septimæ alas subcinereas obtinet, nigro tesserulatas, & circa extimam oram guttis ejusdem coloris æqualiter pictas.

9. Caput

Ces gravures de papillon sont étroitement intégrées dans le texte : c'est l'un des avantages de la gravure sur bois.

IOANNIS EVSEBII NIEREMBERGII
EX SOCIETATE IESV

HISTORIÆ NATVRÆ
LIBER DVODECIMVS.

DOMINA SERPENTVM, ſiue TEVHTLACOCAVHQVI.

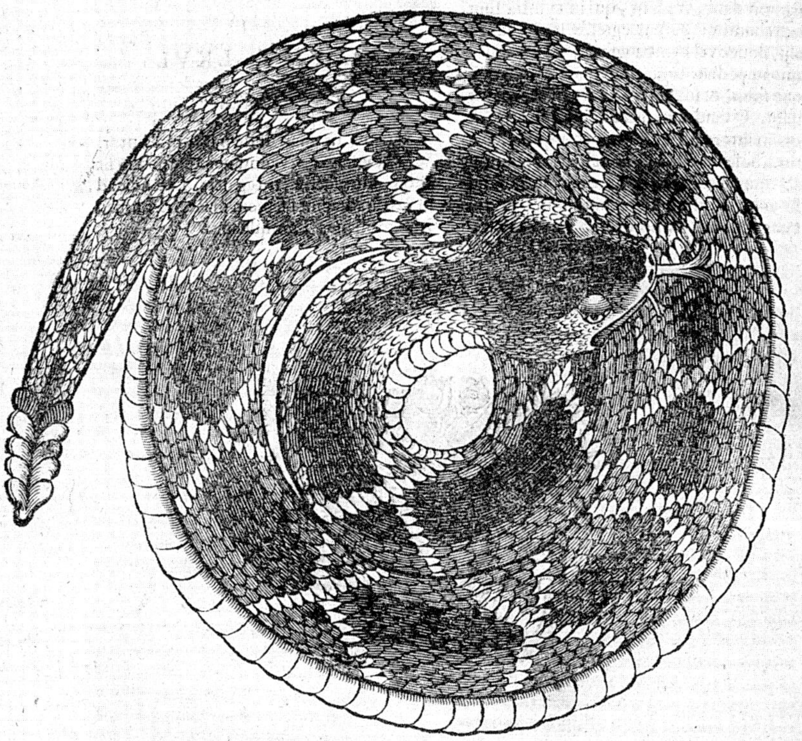

CAPVT PRIMVM.

De dominâ ſerpentum.

NON ſine naturæ vſu reptilia ſunt: nec minùs maieſtatẽ Creatoris humilitate ſuâ exaggerant, non minùs bonitatem peſte ſuâ. Scit peſſimis Deus iuuare, ſcit veneno mederi: liberalem medicina opem è noxijs iſtis vſurpat. Exordium occupet atrox genus ſerpentum, Teuhtlacocauhqui, ſeu dominam ſerpentum Barbari vocant, viperam Hiſpani, ſiue ob ſimilitudinem capitis, ſiue peſtis. Anguis hic quaternos pedes aut amplius longus, & humanum, vbi mediocriter craſſus eſt, latus: dorſo eminenti, viperino capite, ventre ex albo palleſcente, lateribus opertis, candentibus ſquamis, faſcijs tamen pullis per interualla intermixtis: dorſum fuſcum eſt, luteis tamen lineis ſeſe in ipſâ ſpinâ ſecantibus inſigne. Multæ ſunt eius ſerpentis differẽtiæ, non plurimùm inter ſe diſtantes,

Le serpent « Teuhtlacocauhqui », animal ou dieu ?

34. NIERENBERG (Jean-Eugène) : 1590 - 1658.

Historia naturae maxime peregrinae, libris XVI, ... — Anvers, Plantin, 1635. — 2°, 502 p., ill., index.

Le bison

Jésuite espagnol, Nierenberg ne quitta jamais l'Europe où, en plus de ses devoirs ecclésiastiques, il s'adonna à l'étude de l'Histoire Naturelle qu'il eut à enseigner à Madrid. Après des réflexions de théologie naturelle (notamment sur l'origine des animaux lors de la Création et sur le problème de la génération), il tente dans ce livre de faire la somme des connaissances disponibles sur les animaux du Nouveau Monde. Cet ouvrage a le grand intérêt de bien révéler la difficulté de cette tâche.

On y retrouve les animaux décrits par L'Ecluse (**31**), dont il reproduit les gravures. Mais il s'y ajoute de nombreux chapitres non illustrés, décrivant sous leurs noms indigènes des animaux peu connus des lecteurs européens. On y trouve toujours des récits fantastiques, fruits de l'exagération des voyageurs, comme, une fois encore, le récit de la chasse à la baleine selon lequel les indigènes asphyxient les cétacés en leur enfonçant des coins en bois dans les évents.

A la lecture de ce livre, on comprend mieux pourquoi il faudra si longtemps avant que les animaux du Nouveau Monde s'intègrent véritablement dans les traités de zoologie : aux difficultés inhérentes à l'exploration d'un milieu inconnu s'ajoutent celles dues à la nécessaire construction d'une nouvelle nomenclature.

Mus[6 990.

Bibl. : Plantin, p. 73-76.

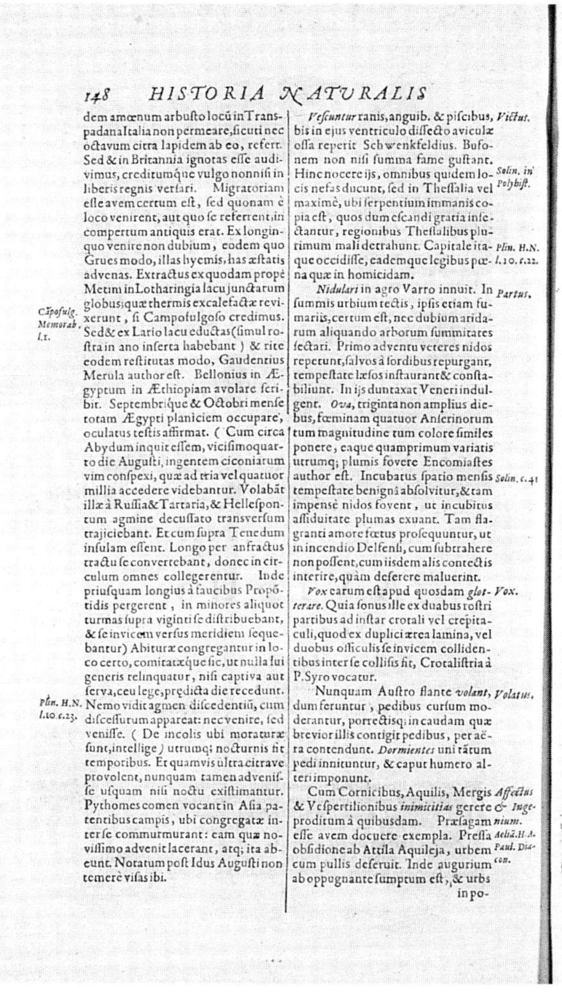

148 HISTORIA NATURALIS

dem amœnum arbusto locū in Transpadana Italia non permeare, sicuti nec octavum citra lapidem ab eo, refert. Sed & in Britannia ignotas esse audivimus, creditumque vulgo nonnisi in liberis regnis versari. Migratoriam esse avem certum est, sed quonam è loco venirent, aut quo se referrent, in compertum antiquis erat. Ex longinquo venire non dubium, eodem quo Grues modo, illas hyemis, has æstatis advenas. Extractus ex quodam propè Metim in Lotharingia lacu junctarum globus; quæ thermis excalefactæ revixerunt, si Campofulgoso credimus. (Cāpofulg. Memorab. l.1.) Sed & ex Lario lacu eductas (simul rostra in ano inserta habebant) & rite eodem restitutas modo, Gaudentius Merula author est. Bellonius in Ægyptum in Æthiopiam avolare scribit. Septembrique & Octobri mense totam Ægypti planiciem occupare, oculatus testis affirmat. (Cum circa Abydum inquit essem, vicisimoquarto die Augusti, ingentem ciconiarum vim conspexi, quæ ad tria vel quatuor millia accedere videbantur. Volabāt illæ à Russia & Tartaria, & Hellespontum agmine decussato transversum trajiciebant. Et cum supra Tenedum insulam essent. Longo per anfractus tractu se convertebant, donec in circulum omnes collegerentur. Inde priusquam longius à faucibus Propōtidis pergerent, in minores aliquot turmas supra viginti se distribuebant, & se invicem versus meridiem sequebantur) Abituræ congregantur in loco certo, comitatæque sic, ut nulla sui generis relinquatur, nisi captiva aut serva, ceu lege, prędicta die recedunt. Nemo vidit agmen discedentiū, cum discessurum appareat: nec venire, sed venisse. (Plin. H.N. l.10.c.23.) (De incolis ubi moraturæ sunt, intellige) utrumq; nocturnis fit temporibus. Et quamvis ultra citrave provolent, nunquam tamen advenisse usquam nisi noctu existimantur. Pythomes comen vocant in Asia patentibus campis, ubi congregatæ inter se commurmurant: eam quæ novissimo advenit lacerant, atq; ita abeunt. Notatum post Idus Augusti non temerè visas ibi.

Vescuntur ranis, anguib. & piscibus, (Victus.) bis in ejus ventriculo dissecto aviculæ ossa reperit Schwenkfeldius. Bufonem non nisi summa fame gustant. Hinc nocere ijs, omnibus quidem locis nefas ducunt, sed in Thessalia vel maximè, ubi serpentium immanis copia est, quos dum escandi gratia insectantur, regionibus Thessalibus plurimum mali detrahunt. (Solin. in Polyhist.) Capitale itaque occidisse, eademque legibus pœna quæ in homicidam. (Plin. H.N. l.10.c.22.)

Nidulari in agro Varro innuit. (Partus.) In summis urbium tectis, ipsis etiam fumariis, certum est, nec dubium aridarum aliquando arborum summitates sectari. Primo adventu veteres nidos repetunt, salvos à sordibus repurgant, tempestate læsos instaurant & constabiliunt. In ijs duntaxat Veneri indulgent. *Ova*, triginta non amplius diebus, fœminam quatuor Anserinorum tum magnitudine tum colore similes ponere, eaque quamprimum variatis utrumq; plumis fovere Encomiastes author est. Incubatus spatio mensis (Solin. c.41) tempestate benignâ absolvitur, & tam impensè nidos fovent, ut incubitus assiduitate plumas exuant. Tam flagranti amore fœtus prosequuntur, ut in incendio Delfensi, cum subtrahere non possent, cum iisdem alis contectis interire, quàm deserere maluerint.

Vox earum est apud quosdam *glotterare*. (Vox.) Quia sonus ille ex duabus rostri partibus ad instar crotali vel crepitaculi, quod ex duplici ærea lamina, vel duobus ossiculis se invicem collidentibus inter se collisis fit, Crotalistria à P. Syro vocatur.

Nunquam Austro flante *volant*, (Volatus.) dum feruntur, pedibus cursum moderantur, porrectisq; in caudam quæ brevior illis contigit pedibus, per aëra contendunt. *Dormientes* uni tātum pedi innituntur, & caput humero alteri imponunt.

Cum Cornicibus, Aquilis, Mergis & Vespertilionibus *inimicitias* gerere (Affectus & Ingenium.) proditum à quibusdam. Præsagam esse avem docuere exempla. Pressa obsidione ab Attila Aquileja, urbem cum pullis deseruit. (Aeliā. H.A. Paul. Diacon.) Inde augurium ab oppugnante sumptum est, & urbs in po-

Les finesses de la gravure sur cuivre : cigognes et hérons.

35. JONSTON (Jan) : 1603 - 1675.

Historia naturalis de avibus libri VI, cum aenis figuris. — Francfort, M. Merian, 1650. — 2°, 235 p., ill., index.

Edition originale de l'un des quatre volumes de la dernière grande encyclopédie zoologique de la Renaissance, rédigée par un médecin d'origine écossaise établi à Leyde. Le jugement très sévère (cf. Petit & Théodoridès) habituellement porté sur cette œuvre mérite d'être sérieusement nuancé.

On reproche à Jonston d'avoir été le compilateur servile d'Aldrovandi. Il est vrai que dans un souci d'exhaustivité, il décrit un grand nombre d'animaux fantaisistes et que ses tentatives de classification en fonction de la forme et de l'alimentation des oiseaux n'innovent en rien : les chauve-souris sont comptées parmi les oiseaux et les oiseaux du Nouveau Monde sont réunis en un unique groupe artificiel.

En revanche, Jonston se démarque de Gesner et d'Aldrovandi en évacuant une grande partie du discours humaniste qui accom-pagne leurs descriptions d'animaux. Son œuvre marque donc un retour à l'étude des animaux en tant que tels. Ainsi, si Jonston n'exerce pas son esprit critique dans le choix des animaux traités (il se targue même d'avoir ajouté des oiseaux oubliés par Gesner et Aldrovandi), il l'exerce en revanche lorsqu'il décide de ce qu'il importe de dire sur chaque animal représenté.

Notons enfin que l'utilisation de planches sur cuivre regroupant un grand nombre d'animaux modifie les rapports entre le texte et l'image qui deviennent nettement plus distants.

Bibl. : Petit & Théodoridès, p. 315-317 ; Plantin, p. 67-71 ; Dion, p. 15-18 ; T. Bilikiewicz, *Jan Jonston*, Varsovie, 1931.

V - La zoologie académique

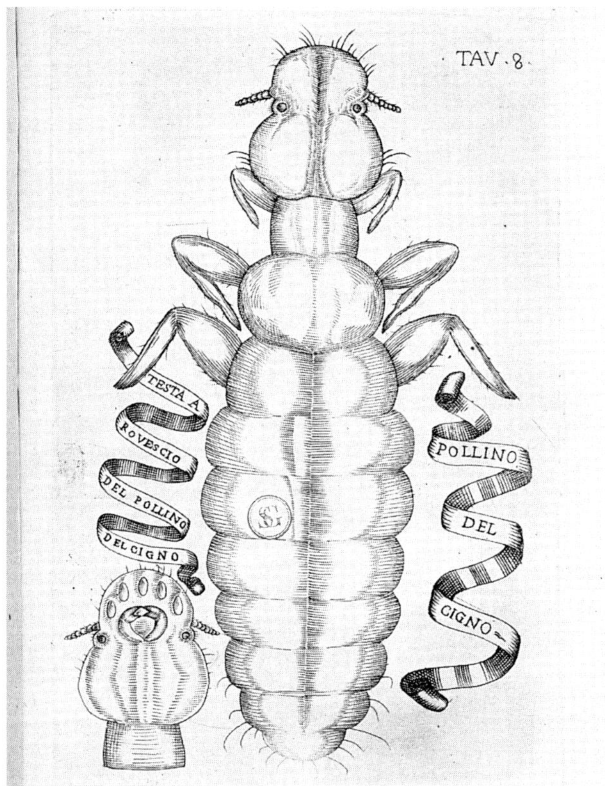

Le pou du cygne.

36. REDI (Francesco) : 1626 - 1697.

Esperienze intorno alla generazione degl'insetti... — Florence, à l'enseigne de l'Etoile, 1668. — 4°, 228 p., 26 pl., ill., index.

L'un des chefs-d'œuvre de Francesco Redi, médecin à la cour des Médicis et membre de l'*Accademia del Cimento* (1657-1667). Grâce à ses nombreuses observations microscopiques, Redi étudie la morphologie et le développement d'un bon nombre d'insectes, souvent parasites. Il est célèbre pour ses très belles expériences contre la théorie de la génération spontanée, par lesquelles il montre que des larves de mouche ne peuvent apparaître sur des aliments en décomposition sans l'intervention d'un insecte extérieur. Il fait cependant une exception pour les insectes gallicoles (ceux dont la larve vit dans une galle), dont il admet qu'ils apparaissent spontanément sur les végétaux selon le même principe que les fruits.

S'il n'illustre pas ses expériences, il laisse de très belles planches d'insectes gravées sur cuivre, incluses dans le texte ou regroupées à la fin. Il propose souvent plusieurs vues d'un même animal sous différents angles ou à différents stades de son développement. Ces gravures jouent un rôle important dans la reconnaissance des animaux, dont certains étaient inconnus auparavant.

Les nombreux continuateurs de Redi poursuivront et complèteront ses observations sur la génération, tandis que ses adversaires ne s'avoueront pas vaincus pour autant (43).

Réédition latine de petit format en 1671.

Bibl. : Petit & Théodoridès, p. 323-326 ; Luigi Belloni, « Francesco Redi, biologo », *Celebrazione dell'Accademia del Cimento nel tricentenario della fondazione*, Domus Galilaena, 1957 ; Paula Gottdenker, « Francesco Redi and the fly experiment », *Bulletin of the History of Medicine*, 53 (1979) : 573-592 ; Redi Francesco, *Scritti di botanica, zoologia e medicina*, a cura di Piero Polito, (*Classici della società italiana*, 4) Milan, Longanesi, 1975.

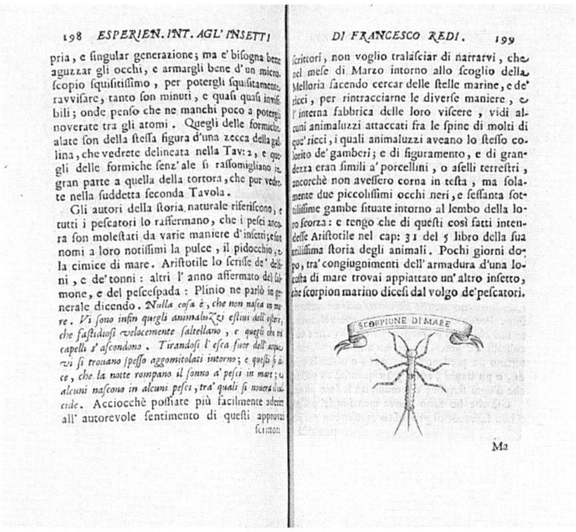
198 *ESPERIEN. INT. AGL' INSETTI*

pria, e singular generazione; ma e' bisogna bene aguzzar gli occhi, e armargli bene d'un microscopio squisitissimo, per potergli squisitamente ravvisare, tanto son minuti, e quasi quasi invisibili; onde penso che ne manchi poco a potergli noverare tra gli atomi. Quegli delle formiche alate son della stessa figura d'una zecca della gallina, che vedrete delineata nella Tav: 2, e quegli delle formiche senz'ale si rassomigliano in gran parte a quella della tortora, che pur vedrete nella suddetta seconda Tavola.

Gli autori della storia naturale riferiscono, e tutti i pescatori lo raffermano, che i pesci ancora son molestati da varie maniere d'insetti; e son nomi a loro notissimi la pulce, il pidocchio, e la cimice di mare. Aristotile lo scrisse de' delfini, e de' tonni: altri l'anno affermato del limone, e del pescespada: Plinio ne parlò in generale dicendo. *Nulla cosa è, che non nasca in mare. Vi sono insin quegli animaluzzi estivi dell'estate, che fastidiosi velocemente saltellano, e quegli che ne' capelli s'ascondono. Tirandosi l'esca fuor dell'acqua vi si truovano spesso aggomitolati intorno; e questi si dice, che la notte rompano il sonno a' pesci in mare; e alcuni nascono in alcuni pesci, tra' quali si novera la cide.* Acciocchè possiate più facilmente aderire all' autorevole sentimento di questi approvati scrittori

DI FRANCESCO REDI. 199

scrittori, non voglio tralasciar di narrarvi, che nel mese di Marzo intorno allo scoglio della Melloria facendo cercar delle stelle marine, e de' ricci, per rintracciarne le diverse maniere, e l'interna fabbrica delle loro viscere, vidi alcuni animaluzzi attaccati fra le spine di molti di que' ricci, i quali animaluzzi aveano lo stesso colorito de' gamberi; e di figuramento, e di grandezza eran simili a' porcellini, o aselli terrestri, ancorchè non avessero corna in testa, ma solamente due piccolissimi occhi neri, e sessanta sottilissime gambe situate intorno al lembo della loro scorza: e tengo che di questi così fatti intendesse Aristotile nel cap: 31 del 5 libro della sua utilissima storia degli animali. Pochi giorni dopo, tra' congiugnimenti dell'armadura d'una locusta di mare trovai appiattato un'altro insetto, che scorpion marino dicesi dal volgo de' pescatori.

Ma

Larve de libellule : rare exemple de gravure sur cuivre insérée dans le texte.

37. PERRAULT (Claude) : 1613 - 1680.

Description anatomique d'un caméleon, d'un castor, d'un dromadaire, d'un ours et d'une gazelle. — Paris, F. Léonard, 1669. — 4°, 120 p., ill.

Edition originale. Frère de l'auteur des célèbres contes (Charles), architecte talentueux (on lui doit une traduction de Vitruve et la colonnade du Louvre), Claude Perrault est aussi le chef de file d'une école d'anatomie. Travaillant en équipe, lui et ses compagnons, appelés les « Parisiens », disséquaient systématiquement les animaux morts à la Ménagerie Royale, l'actuel Jardin des Plantes.

Ce recueil anonyme, qui semble avoir été publié à l'initiative de l'imprimeur, rassemble cinq comptes rendus détaillés de dissections, accompagnés chacun d'une gravure.

On trouve ici un témoignage du développement de l'intérêt pour les études anatomiques et de l'importance croissante des institutions nouvellement créées (jardins botaniques, sociétés savantes, Académies, ...) dans le développement des sciences au XVIIe siècle.

Quant aux illustrations, dans lesquelles les animaux sont présentés au milieu d'un bel environnement, elles semblent avoir en plus de leur utilité scientifique des prétentions artistiques.

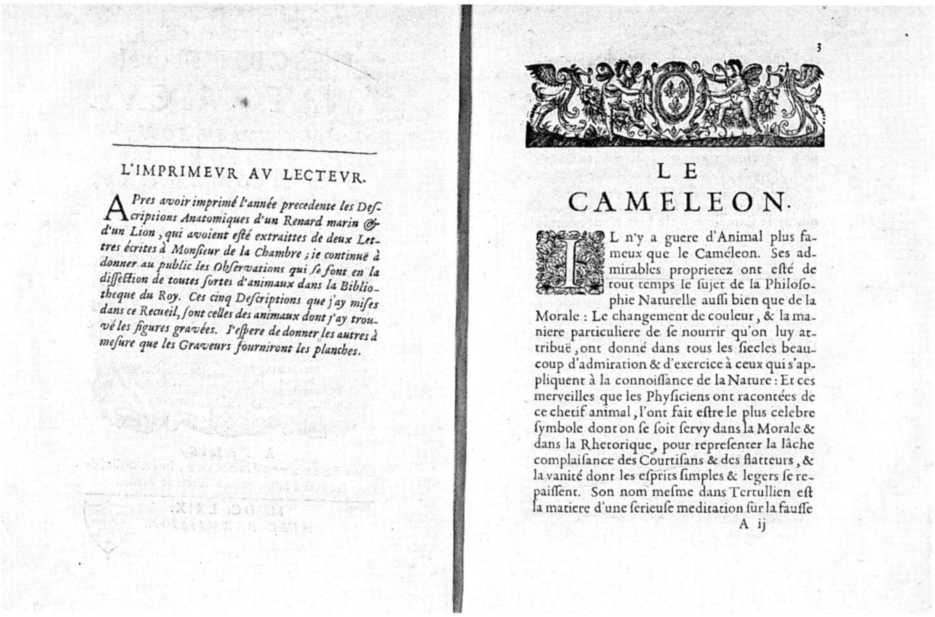

L'IMPRIMEVR AV LECTEVR.

Apres avoir imprimé l'année precedente les Descriptions Anatomiques d'un Renard marin & d'un Lion, qui avoient esté extraittes de deux Lettres écrites à Monsieur de la Chambre ; ie continuë à donner au public les Observations qui se font en la dissection de toutes sortes d'animaux dans la Bibliotheque du Roy. Ces cinq Descriptions que j'ay mises dans ce Recueil, sont celles des animaux dont j'ay trouvé les figures gravées. J'espere de donner les autres à mesure que les Graveurs fourniront les planches.

3

LE CAMELEON.

IL n'y a guere d'Animal plus fameux que le Caméleon. Ses admirables proprietez ont esté de tout temps le sujet de la Philosophie Naturelle aussi bien que de la Morale : Le changement de couleur, & la maniere particuliere de se nourrir qu'on luy attribuë, ont donné dans tous les siecles beaucoup d'admiration & d'exercice à ceux qui s'appliquent à la connoissance de la Nature : Et ces merveilles que les Physiciens ont racontées de ce chetif animal, l'ont fait estre le plus celebre symbole dont on se soit servy dans la Morale & dans la Rhetorique, pour representer la lâche complaisance des Courtisans & des flatteurs, & la vanité dont les esprits simples & legers se repaissent. Son nom mesme dans Tertullien est la matiere d'une serieuse meditation sur la fausse

A ij

Bibl. : Petit & Théodoridès, p. 329-332 ; M. Morange, « Condorcet et les naturalistes de son temps », *Sciences à l'époque de la Révolution française*, p. 446-447, Paris, Blanchard, 1988.

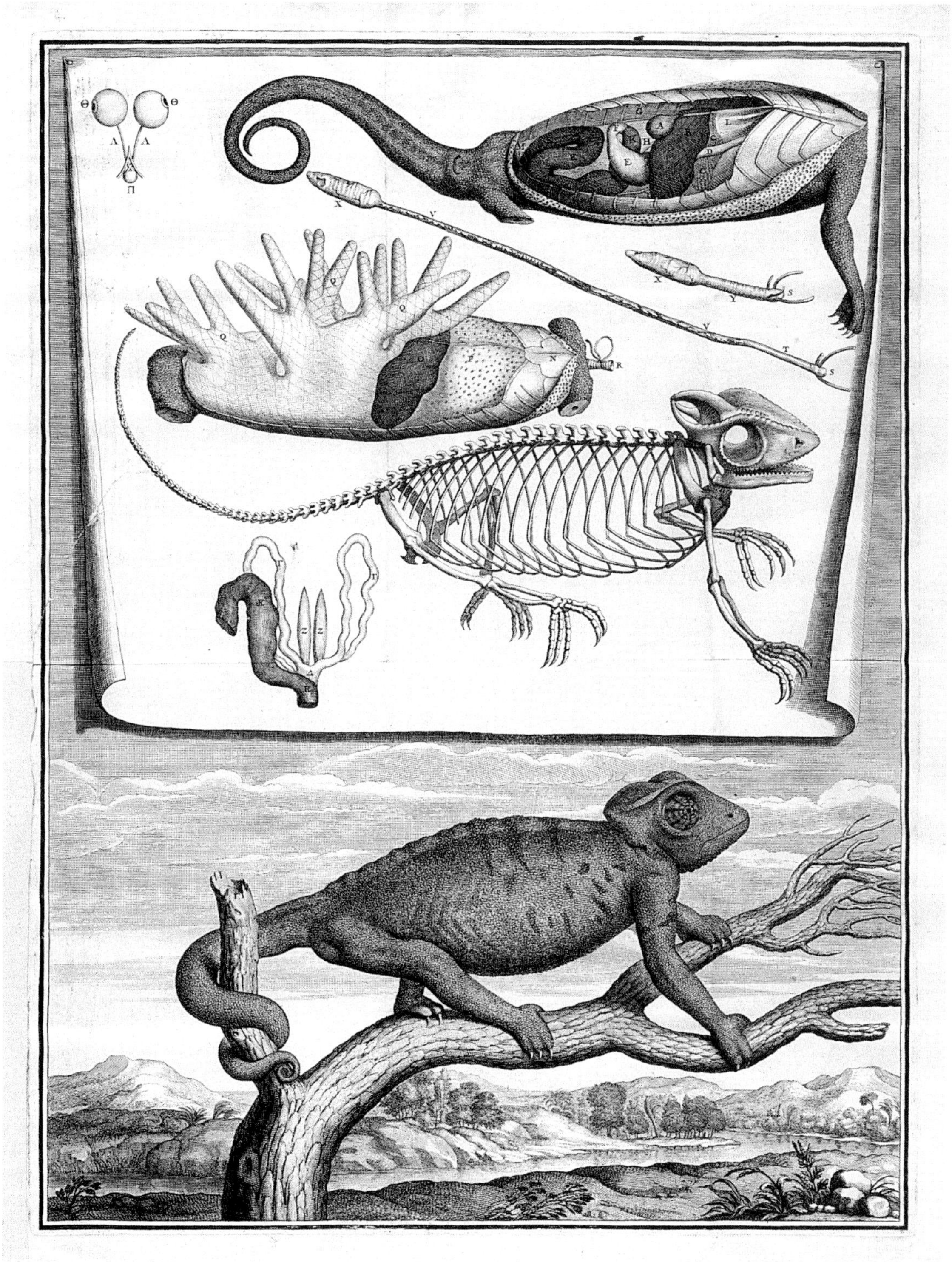

Un étrange animal : le caméléon.

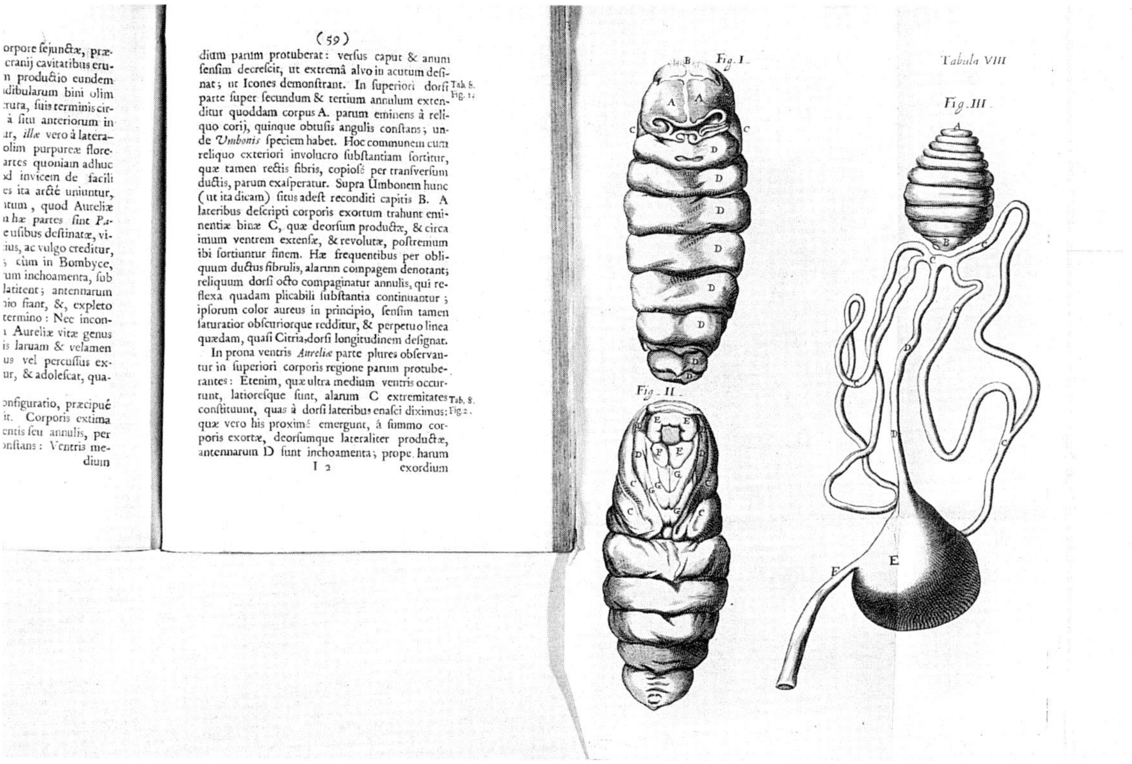

(59)

dium parum protuberat : verſus caput & anum ſenſim decreſcit, ut extremâ alvo in acutum deſinat ; ut Icones demonſtrant. In ſuperiori dorſi parte ſuper ſecundum & tertium annulum extenditur quoddam corpus A. parum eminens à reliquo corij, quinque obtuſis angulis conſtans ; unde *Umbonis* ſpeciem habet. Hoc communem cum reliquo exteriori involucro ſubſtantiam ſortitur, quæ tamen rectis fibris, copioſè per tranſverſum ductis, parum exaſperatur. Supra Umbonem hunc (ut ita dicam) ſitus adeſt reconditi capitis B. A lateribus deſcripti corporis exortum trahunt eminentiæ binæ C, quæ deorſum productæ, & circa imum ventrem extenſæ, & revolutæ, poſtremum ibi ſortiuntur finem. Hæ frequentibus per obliquum ductus fibrulis, alarum compagem denotant; reliquum dorſi octo compaginatur annulis, qui reflexa quadam plicabili ſubſtantia continuantur ; ipſorum color aureus in principio, ſenſim tamen ſaturatior obſcuriorque redditur, & perpetuo linea quædam, quaſi Citria, dorſi longitudinem deſignat. Tab. 8. Fig. 1.

In prona ventris *Aureliæ* parte plures obſervantur in ſuperiori corporis regione parum protuberantes : Etenim, quæ ultra medium ventris occurrunt, latioreſque ſunt, alarum C extremitates conſtituunt, quas à dorſi lateribus enaſci diximus : quæ vero his proximè emergunt, á ſummo corporis exortæ, deorſumque lateraliter productæ, antennarum D ſunt inchoamenta ; prope harum Tab. 8. Fig. 2.

I 2 exordium

Regroupées à la fin, les planches peuvent être mises en regard du texte.

38. MALPIGHI (Marcello) : 1628 - 1694.

Dissertatio epistolica de bombyce. — Londres, J. Martyn & J. Allestry, 1669. — 4°, 104 p., pl. pliées.

Edition originale du traité de Malpighi sur le ver à soie. Après des études de philosophie et de médecine à Bologne, Malpighi fut le premier à utiliser le microscope pour des études anatomiques, ce qui lui permit de découvrir les capillaires sanguins.

Le *De bombyce*, première monographie détaillée publiée sur un invertébré, est l'un de ses chefs-d'œuvre. Malpighi y étudie en détail les différentes parties de l'animal et décrit pour la première fois certains organes, dont les tubules excréteurs qui portent aujourd'hui son nom.

Les très belles gravures sur cuivre qui accompagnent son texte sont rassemblées à la fin sous forme de planches. Mais ces dernières sont pliées de telle sorte que l'on puisse toujours les avoir sous les yeux en même temps que le texte correspondant, dans lequel des notes marginales renvoient aux numéros des figures. Cette disposition compense donc l'éloignement du texte et de l'image dû à la gravure sur cuivre.

Symbole d'une science utilitariste, plus proche des préoccupations économiques du temps, cet ouvrage est aussi celui de l'émergence des sociétés savantes puisqu'il est publié en Angleterre par les soins de la *Royal Society*. Cela correspond à une nette intensification des échanges internationaux, souvent épistolaires, et au début de l'institutionnalisation de la science en Europe.

Bibl. : Petit & Théodoridès, p. 326-328 ; L. Belonni, « Marcello Malpighi and the founding of anatomical microscopy », p. 95-110 in H.L. Bonnelli & W.R. Shea ed., *Reason, experiment and mysticism in the scientific revolution*, New York, Science History, 1975 ; G. Minelli, *All'origine della biologia moderna : la vita di un testimone e protagonista : Marcello Malpighi nell'Università di Bologna*, Milan, Jaca Book, 1987.

39. WILLIS (Thomas) : 1621 - 1675.

De anima brutorum quae hominis vitalis ac sensitiva est, ... — Londres, G. Welles & R. Scott, 1672. — 4°, 636 p., ill., index.

Edition originale. Médecin réputé, Thomas Willis était membre dans les années 1650 d'un club réunissant à Oxford des savants comme Wilkins, Wallis, Boyle et Hooke, club qui préfigurait la *Royal Society*. Il effectua de nombreuses dissections en compagnie de ces savants et suivait de près l'évolution de leurs travaux, et en particulier les nouvelles idées sur la chimie dont il imprègnera ses théories médicales.

Cette œuvre s'inscrit dans la vaste querelle sur l'âme des bêtes. Willis attribue aux animaux une âme corporelle et matérielle de nature ignée (l'homme seul étant doué d'une seconde âme, rationnelle et immortelle), qu'il localise pour partie dans le sang où elle assure les fonctions vitales et pour partie dans le système nerveux où elle permet l'action et la sensation.

Etudiant la localisation anatomique de cette âme chez les animaux, il les divise en différents groupes d'affinités au sein desquels l'examen d'une seule espèce représentative permet de conclure. Il reprend ainsi un intéressant système de classification fondé sur l'anatomie et la chaleur du sang, proche de celui d'Aristote, et propose de très bons comptes rendus de dissections.

Mus[3 936.
Autre édition de 1672, in-octavo.

Bibl. : Petit & Théodoridès, p. 311-312 ; H. Isler, *Thomas Willis, 1621-1675 : doctor and scientist*, New York, 1968.

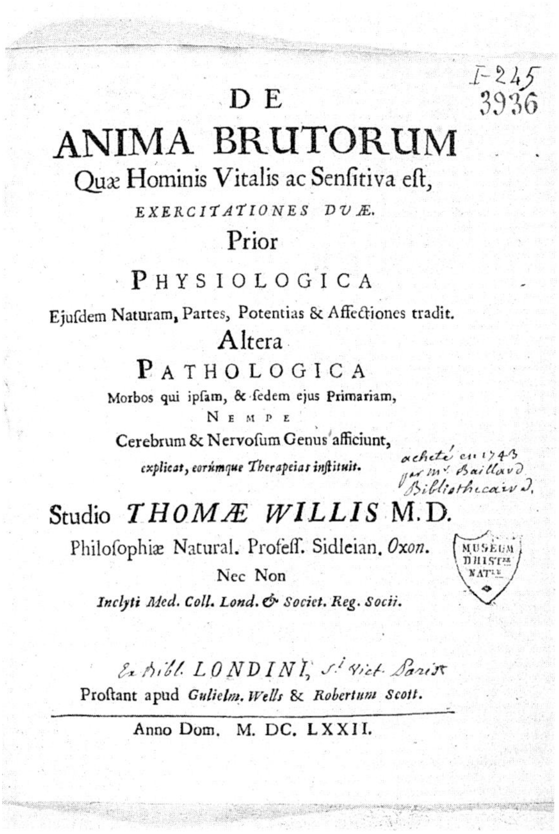
I-245
3936
DE
ANIMA BRUTORUM
Quæ Hominis Vitalis ac Senſitiva eſt,
EXERCITATIONES DUÆ.
Prior
PHYSIOLOGICA
Ejuſdem Naturam, Partes, Potentias & Affectiones tradit.
Altera
PATHOLOGICA
Morbos qui ipſam, & ſedem ejus Primariam,
NEMPE
Cerebrum & Nervoſum Genus afficiunt,
explicat, eorúmque Therapeias inſtituit.
Studio THOMÆ WILLIS M.D.
Philoſophiæ Natural. Profeſſ. Sidleian. Oxon.
Nec Non
Inclyti Med. Coll. Lond. & Societ. Reg. Socii.
LONDINI,
Proſtant apud Gulielm. Wells & Robertum Scott.
Anno Dom. M. DC. LXXII.

*Cet exemplaire porte l'*ex libris *de la congrégation de Saint Victor, dissoute lors de la Révolution.*

40. VAN LEEUWENHOEK (Antoni) : 1632 - 1723.

« Observations..., concerning little animals..., observed in Rain-Well-Sea and Snow water, ... », ***Philosophical Transactions***, vol. XII, p. 821-831 — Londres, 1677 — 4°.

C'est l'une des premières lettres adressées par Van Leeuwenhoek à la *Royal Society*, connue sous le nom de « Lettre sur les protozoaires ». Initialement rédigée en hollandais, elle est traduite et publiée par les soins de l'académie anglaise. Autodidacte en marge du milieu universitaire, Van Leeuwenhoek construisait lui-même les microscopes grâce auxquels il a observé plus de 200 types d'animaux différents.

Cette lettre qui concerne la découverte des protozoaires (animaux unicellulaires que l'on trouve par exemple dans les eaux stagnantes) se présente sous la forme d'extraits de carnets de laboratoire. Van Leeuwenhoek y donne en effet des descriptions détaillées de ses expériences pour permettre à d'autres de les refaire et couper court à tout scepticisme. Christian Huygens, qui traduisit la lettre en français, put reproduire les expériences du savant hollandais.

Il ne s'agit plus ici d'un livre mais d'un nouveau type de publication qui préfigure l'article scientifique. Sous l'influence des sociétés savantes, cette forme d'écriture qui permet de communiquer immédiatement des résultats et de bénéficier rapidement des critiques des autres savants va devenir très importante. On remarquera que la mise en page très sommaire des *Philosophical Transactions* souligne à peine le passage d'un article à un autre.

Mus[Pr 357, vol. XII, 1677.
Traduit dans le *Journal des Savants* dès 1678.

Bibl. : Petit & Théodoridès, p. 300-304 ; J. Roger, « Two scientific discoveries : their genesis and destiny », p. 229-237 in *On scientific discovery*, Dordrecht, Reidel, 1981 ; L.C. Palm & H.A.M. Snelders eds., *Antoni Van Leeuwenhoek, 1632-1723 : studies of the life and work of the Delft scientist, ...*, Amsterdam, Rodopi, 1982 ; B.J. Ford, *The Leeuwenhoek legacy*, Bristol, Biopress, 1991.

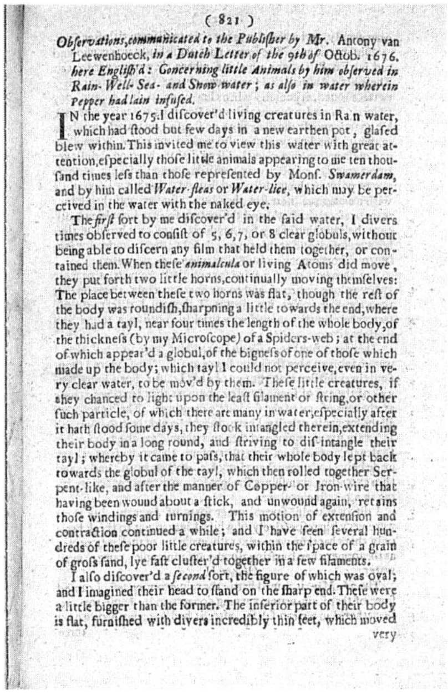

(821)

Observations, communicated to the Publisher by Mr. Antony van Leewenhoeck, *in a Dutch Letter of the 9th of* Octob. 1676. *here English'd: Concerning little Animals by him observed in Rain- Well- Sea- and Snow water; as also in water wherein Pepper had lain infused.*

IN the year 1675. I discover'd living creatures in Rain water, which had stood but few days in a new earthen pot, glased blew within. This invited me to view this water with great attention, especially those little animals appearing to me ten thousand times less than those represented by Mons. *Swamerdam*, and by him called *Water-fleas* or *Water-lice*, which may be perceived in the water with the naked eye.

The *first* sort by me discover'd in the said water, I divers times observed to consist of 5, 6, 7, or 8 clear globuls, without being able to discern any film that held them together, or contained them. When these *animalcula* or living Atoms did move, they put forth two little horns, continually moving themselves: The place between these two horns was flat, though the rest of the body was roundish, sharpning a little towards the end, where they had a tayl, near four times the length of the whole body, of the thickness (by my Microscope) of a Spiders-web; at the end of which appear'd a globul, of the bigness of one of those which made up the body; which tayl I could not perceive, even in very clear water, to be mov'd by them. These little creatures, if they chanced to light upon the least filament or string, or other such particle, of which there are many in water, especially after it hath stood some days, they stook intangled therein, extending their body in a long round, and striving to dis-intangle their tayl; whereby it came to pass, that their whole body lept back towards the globul of the tayl, which then rolled together Serpent-like, and after the manner of Copper- or Iron-wire that having been wound about a stick, and unwound again, retains those windings and turnings. This motion of extension and contraction continued a while; and I have seen several hundreds of these poor little creatures, within the space of a grain of gross sand, lye fast cluster'd together in a few filaments.

I also discover'd a *second* sort, the figure of which was oval; and I imagined their head to stand on the sharp end. These were a little bigger than the former. The inferior part of their body is flat, furnished with divers incredibly thin feet, which moved

very

Les débuts de l'article scientifique.

41. SWAMMERDAM (Jan) : 1637 - 1680.

Histoire générale des insectes, ... — Utrecht, G. de Walcheren, 1682. — 4°, 202 p., ill.

L'*Histoire des insectes*, publiée en hollandais en 1669, fut rapidement traduite en français, en anglais et en latin. Dans ce livre où il donne ses lettres de noblesse à l'étude des petits animaux, Swammerdam élucide grâce à l'emploi du microscope les différents modes de développement des « insectes ». (Il utilise le mot au sens large.)

Il critique longuement Aristote et Harvey qui ont confondu les chrysalides des papillons avec des œufs, et montre qu'elles correspondent à l'un des stades du développement de ces animaux. Il parvient à classer l'ensemble des insectes selon quatre grands types de métamorphoses qu'il décrit en détail.

L'ouvrage, illustré de gravures sur cuivre, se termine par une série de grandes planches commentées, récapitulant les étapes successives des différents modes de développement. Dans ces très belles gravures, Swammerdam propose, à côté des agrandissements, des représentations des animaux à leur taille réelle.

Outre les qualités remarquables du texte et de l'illustration, cet ouvrage est l'un des premiers à se consacrer au développement animal.

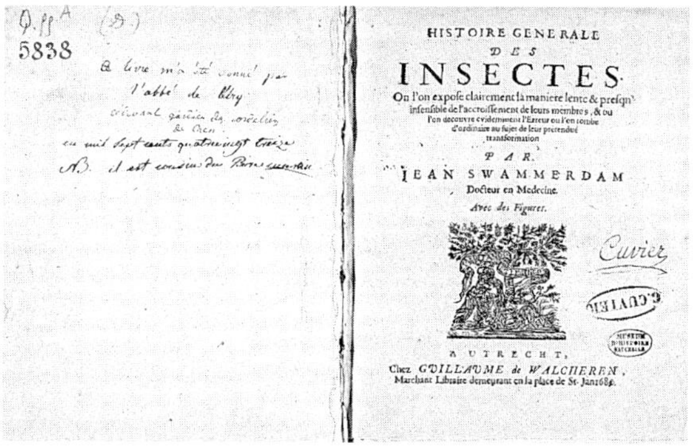

Cet exemplaire a appartenu à Cuvier dont il conserve des notes manuscrites.

Mus[5838.
Nombreuses autres traductions.

Bibl. : Petit & Théodoridès, p. 304-307 ; G.A. Lindeboom, « Jan Swammerdam (1637-1680) and his *Biblia naturae* », *Clio Medica*, 1982 (17) : 113-131 ; « Jan Swammerdam », *Tijdschrift voor de Geschiedenis der Geneeskunde, Natuurwetenschappen, Wiskunde en Techniek*, 1981 (4) : 61-110 ; M. Fournier, « The book of nature : Swammerdam's microscopical investigations », *Tractrix*, 1990, 2 : 1-24.

La larve (B) et la nymphe (D) du moustique (culex). *Elles sont représentées grandeur nature au centre de la planche (A et C).*

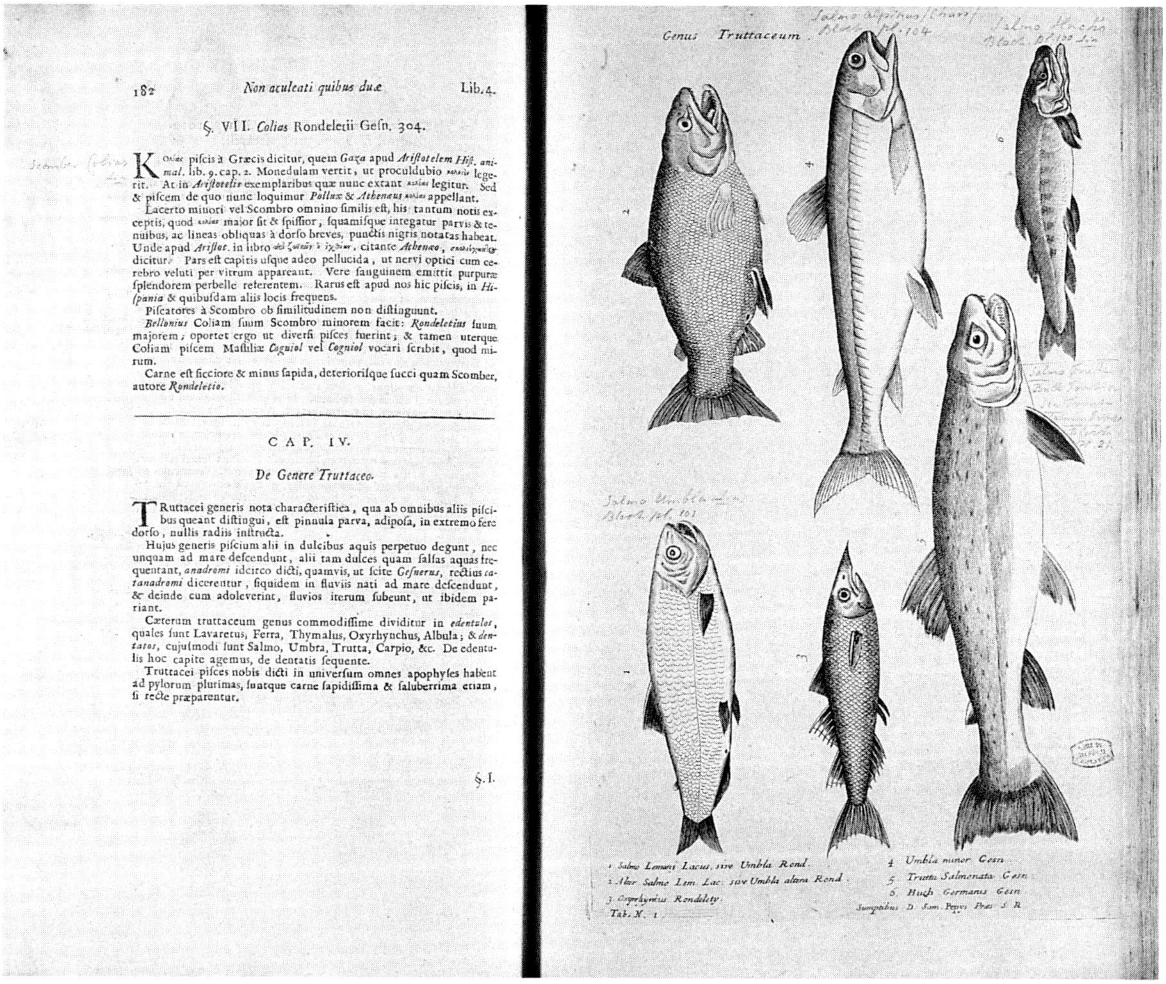

182 *Non aculeati quibus duæ* Lib. 4.

§. VII. *Colias* Rondeletii Gesn. 304.

Κολίας piscis à Græcis dicitur, quem *Gaza* apud *Aristotelem Hist. animal.* lib. 9. cap. 2. Monedulam vertit, ut proculdubio κολοιὸν legerit. At in *Aristotelis* exemplaribus quæ nunc extant κολίας legitur. Sed & piscem de quo nunc loquimur *Pollux* & *Athenæus* κολίας appellant.

Lacerto minori vel Scombro omnino similis est, his tantum notis exceptis, quod κολίας major sit & spissior, squamisque integatur parvis & tenuibus, ac lineas obliquas à dorso breves, punctis nigris notatas habeat. Unde apud *Aristot.* in libro περὶ ζωϊκῶν ἢ ἰχθύων, citante *Athenæo*, [illegible] dicitur. Pars est capitis usque adeo pellucida, ut nervi optici cum cerebro veluti per vitrum appareant. Vere sanguinem emittit purpuræ splendorem perbelle referentem. Rarus est apud nos hic piscis, in *Hispania* & quibusdam aliis locis frequens.

Piscatores à Scombro ob similitudinem non distinguunt.

Bellonius Coliam suum Scombro minorem facit: *Rondeletius* suum majorem; oportet ergo ut diversi pisces fuerint; & tamen uterque Coliam piscem Massiliæ *Coguiol* vel *Cogniol* vocari scribit, quod mirum.

Carne est sicciore & minus sapida, deteriorisque succi quam Scomber, autore *Rondeletio*.

CAP. IV.

De Genere Truttaceo.

Truttacei generis nota characteristica, qua ab omnibus aliis piscibus queant distingui, est pinnula parva, adiposa, in extremo fere dorso, nullis radiis instructa.

Hujus generis piscium alii in dulcibus aquis perpetuo degunt, nec unquam ad mare descendunt, alii tam dulces quam salsas aquas frequentant, *anadromi* idcirco dicti, quamvis, ut scite *Gesnerus*, rectius *catanadromi* dicerentur, siquidem in fluviis nati ad mare descendunt, & deinde cum adoleverint, fluvios iterum subeunt, ut ibidem pariant.

Cæterum truttaceum genus commodissime dividitur in *edentulos*, quales sunt Lavaretus, Ferra, Thymalus, Oxyrhynchus, Albula; & *dentatos*, cujusmodi sunt Salmo, Umbra, Trutta, Carpio, &c. De edentulis hoc capite agemus, de dentatis sequente.

Truttacei pisces nobis dicti in universum omnes apophyses habent ad pylorum plurimas, suntque carne sapidissima & saluberrima etiam, si recte præparentur.

§. I.

Sur cet exemplaire, la planche des truites a été convenablement insérée face au texte correspondant..

42. RAY (John) : 1628 - 1705.

Francisci Willughbeii ... de Historia piscium libri quatuor, jussu et somptibus Societatis regiae londinensis editi, ... — Oxford / Londres, Sheldon, 1686. — 2°, 343 p., appendice, ill., index.

Première édition. Dans ce travail qui fait suite à un traité sur les oiseaux, John Ray a une fois encore signé du nom de son collaborateur Willughby, décédé 14 ans auparavant. Mais c'est pourtant lui qui, délaissant quelque peu son travail de botaniste, a rédigé cet imposant ouvrage sur les poissons qui fait partie de l'inventaire de la Nature qu'ils avaient prévu de rédiger tous deux. En se fondant sur l'observation, Ray essaie d'identifier les poissons décrits par ses prédécesseurs et s'attache à supprimer les répétitions dues à l'emploi de synonymes.

Il cite pour chaque animal les références des auteurs qui l'ont étudié, et il reprend souvent leurs illustrations. (Voir introduction p. 26-27.) La publication de cet important ensemble de gravures sur cuivre n'aura été possible que grâce aux souscriptions des membres de la *Royal Society* dont Ray faisait partie. Ici, les planches sont intercalées entre les pages de texte mais les correspondances sont peu satisfaisantes. Les planches de l'exemplaire de la Bibliothèque Sainte-Geneviève sont toutes reliées à la fin du livre.

Ce travail où aucun animal imaginaire ne figure va beaucoup plus loin que celui de Jonston. Il sera suivi par les importants travaux de classification de Ray (**44**).

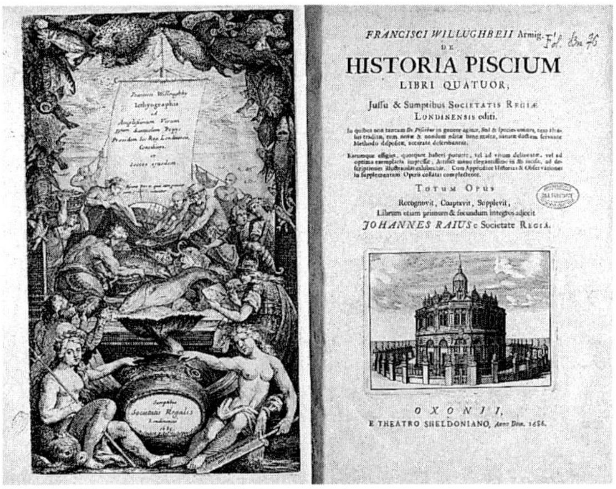

On remarquera que les planches ont été imprimées à Londres (comme le frontispice) et le texte à Oxford.

Mus[Fol Bn 76.

Bibl. : Petit & Théodoridès, p. 317-320 ; Ch. Raven, *John Ray, naturalist* (réédition d'un texte de 1942), Cambridge University Press, 1986, p. 339-370 ; Munby A.N.L. ed, *Sales catalogues of libraries of eminent persons*, vol. 11 : *Scientists*, H.A. Feiseinberger ed., Londres, Mansel, 1975 ; N.C. Gillespie, « Natural history, natural theology and social order : John Ray and the "Newtonian ideology" », *Journal of the History of Biology*, 1987, 20 : 1-49.

43. BUONANNI (Le P. Filippo) : 1638 - 1725.

Observationes circa viventia, ... — Rome, A. Herculus, 1691. — 4°, 342 p., pl., ill., index.

Edition originale. Ce jésuite italien a composé plusieurs ouvrages d'histoire naturelle et s'est particulièrement intéressé à l'observation microscopique.

Son livre a pour but principal de défendre la théorie de la génération spontanée, soumise à des attaques de plus en plus vives comme celles de Redi. L'intérêt de sa démarche vient de ce que, loin de se réfugier dans des considérations théoriques, il fonde lui aussi son argumentation sur des observations microscopiques de haut niveau.

Buonanni reprend la distinction traditionnelle de trois types d'animaux : ceux qui ne se reproduisent que par l'intervention de deux parents de leur espèce (le lion, etc.), ceux qui ne se reproduisent que par génération spontanée (les vers, ...) et ceux qui peuvent se reproduire par les deux moyens (la grenouille et quelques autres).

Cet auteur qui défendait une théorie qui n'a pas été retenue devrait pourtant figurer dans les histoires de la zoologie, car son œuvre n'est en rien de nature différente de celles de ses adversaires. La qualité de l'illustration en témoigne.

Mus[6 560.

Bibl. : Plantin, p. 63-64 ; Dion, p. 18-19.

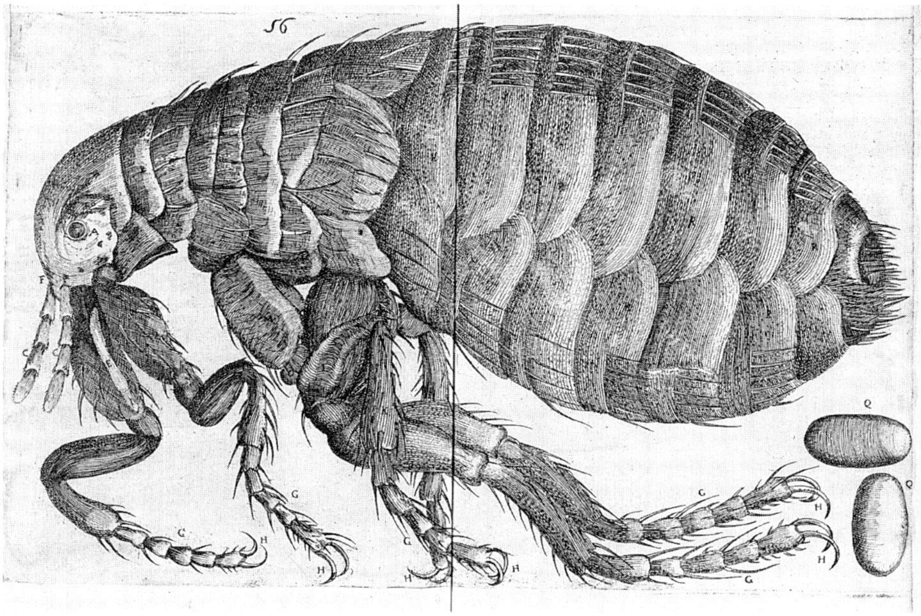

La puce.

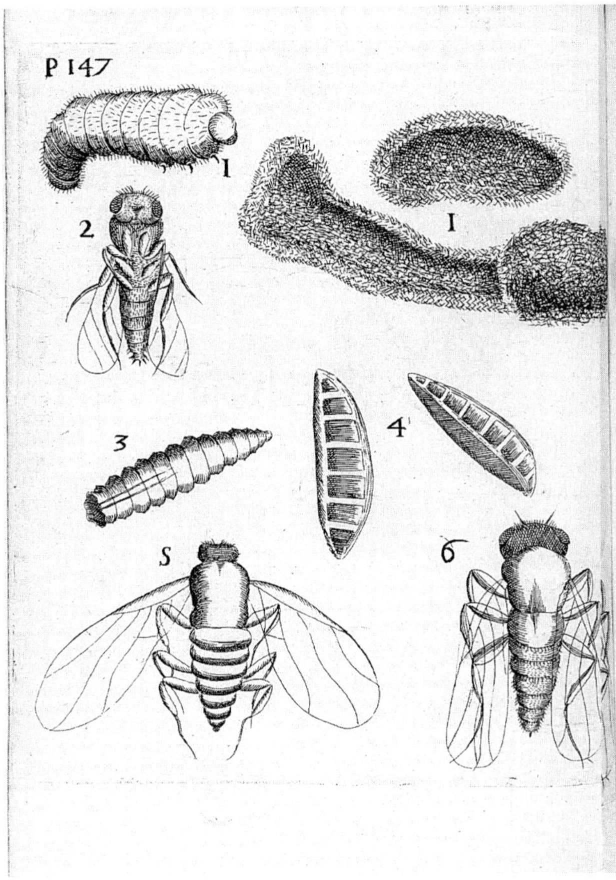

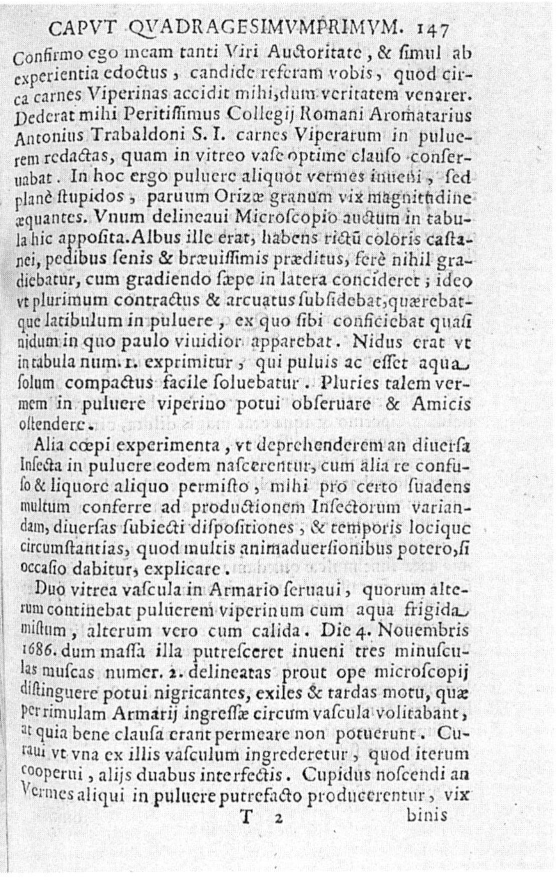
CAPVT QVADRAGESIMVMPRIMVM. 147

Confirmo ego meam tanti Viri Auctoritate, & ſimul ab experientia edoctus, candide referam vobis, quod circa carnes Viperinas accidit mihi,dum veritatem venarer. Dederat mihi Peritiſſimus Collegij Romani Aromatarius Antonius Trabaldoni S. I. carnes Viperarum in puluerem redactas, quam in vitreo vaſe optime clauſo conſeruabat. In hoc ergo puluere aliquot vermes inueni, ſed planè ſtupidos, paruum Orizæ granum vix magnitudine æquantes. Vnum delineaui Microſcopio auctum in tabula hic appoſita. Albus ille erat, habens rictū coloris caſtanei, pedibus ſenis & bræuiſſimis præditus, ferè nihil gradiebatur, cum gradiendo ſæpe in latera conciderct; ideo vt plurimum contractus & arcuatus ſubſidebat,quærebatque latibulum in puluere, ex quo ſibi conficiebat quaſi nidum in quo paulo viuidior apparebat. Nidus erat vt in tabula num. 1. exprimitur, qui puluis ac eſſet aquā ſolum compactus facile ſoluebatur. Pluries talem vermem in puluere viperino potui obſeruare & Amicis oſtendere.

Alia cœpi experimenta, vt deprehenderem an diuerſa Inſecta in puluere eodem naſcerentur, cum alia re confuſo & liquore aliquo permiſto, mihi pro certo ſuadens multum conferre ad productionem Inſectorum variandam, diuerſas ſubiecti diſpoſitiones, & temporis locique circumſtantias, quod multis animaduerſionibus potero, ſi occaſio dabitur, explicare.

Duo vitrea vaſcula in Armario ſeruaui, quorum alterum continebat puluerem viperinum cum aqua frigidā miſtum, alterum vero cum calida. Die 4. Nouembris 1686. dum maſſa illa putreſceret inueni tres minuſculas muſcas numer. 2. delineatas prout ope microſcopij diſtinguere potui nigricantes, exiles & tardas motu, quæ per rimulam Armarij ingreſſæ circum vaſcula volitabant, at quia bene clauſa erant permeare non potuerunt. Curaui vt vna ex illis vaſculum ingrederetur, quod iterum cooperui, alijs duabus interfectis. Cupidus noſcendi an Vermes aliqui in puluere putrefacto producerentur, vix

T 2 binis

Différents stades du développement de la mouche.

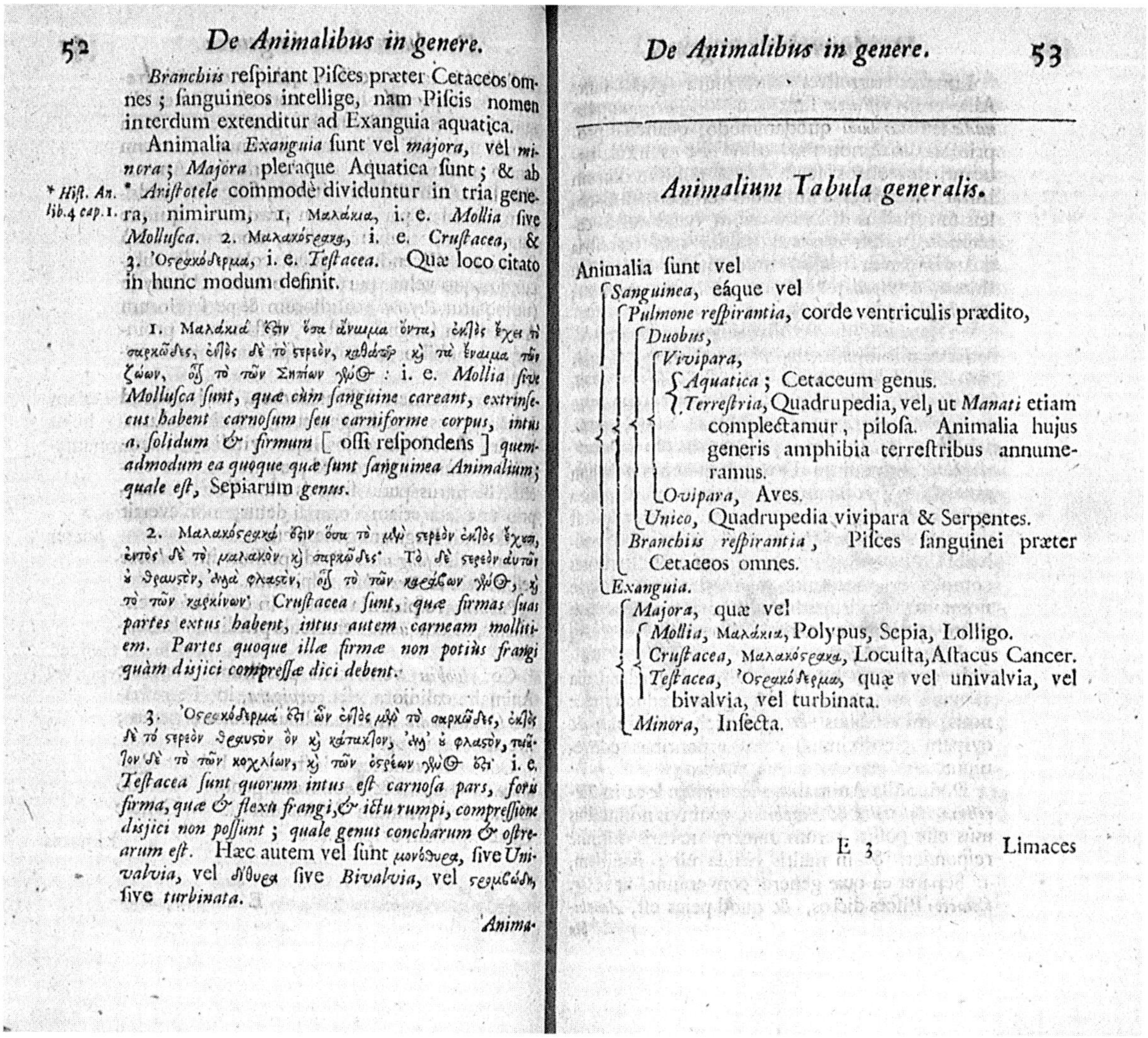
52 De Animalibus in genere.

Branchiis respirant Pisces præter Cetaceos omnes; sanguineos intellige, nam Piscis nomen interdum extenditur ad Exanguia aquatica.

Animalia *Exanguia* sunt vel *majora*, vel *minora*; *Majora* pleraque Aquatica sunt; & ab * *Aristotele* commodè dividuntur in tria genera, nimirum, 1. Μαλάκια, i. e. *Mollia* sive *Mollusca*. 2. Μαλακόστρακα, i. e. *Crustacea*, & 3. Ὀστρακόδερμα, i. e. *Testacea*. Quæ loco citato in hunc modum definit.

* Hist. An. lib. 4 cap. 1.

1. Μαλάκιά ἐστιν ὅσα ἄναιμα ὄντα, ἐκτὸς ἔχει τὸ σαρκῶδες, ἐντὸς δὲ τὸ στερεόν, καθάπερ καὶ τὰ ἔναιμα τῶν ζώων, οἷον τὸ τῶν Σηπίων γένος: i. e. *Mollia sive Mollusca sunt, quæ cùm sanguine careant, extrinsecus habent carnosum seu carniforme corpus, intus a. solidum & firmum* [ossi respondens] *quemadmodum ea quoque quæ sunt sanguinea Animalium; quale est*, Sepiarum *genus*.

2. Μαλακόστρακά ἐστιν ὅσα τὸ μὲν στερεὸν ἐκτὸς ἔχει, ἐντὸς δὲ τὸ μαλακὸν καὶ σαρκῶδες· Τὸ δὲ στερεὸν αὐτῶν οὐ θραυστὸν, ἀλλὰ φλαστὸν, οἷον τὸ τῶν καράβων γένος, καὶ τὸ τῶν καρκίνων· *Crustacea sunt, quæ firmas suas partes extus habent, intus autem carneam mollitiem. Partes quoque illæ firmæ non potiùs frangi quàm disjici compressæ dici debent.*

3. Ὀστρακόδερμά ἐστι ὧν ἐντὸς μὲν τὸ σαρκῶδες, ἐκτὸς δὲ τὸ στερεὸν θραυστὸν ὂν καὶ κάταξον, ἀλλ' οὐ φλαστὸν, τοιοῦτον δὲ τὸ τῶν κοχλίων, καὶ τῶν ὀστρέων γένος ἐστί i. e. *Testacea sunt quorum intus est carnosa pars, foris firma, quæ & flexu frangi, & ictu rumpi, compressione disjici non possunt; quale genus concharum & ostrearum est.* Hæc autem vel sunt μονόθυρα, sive *Univalvia*, vel δίθυρα sive *Bivalvia*, vel στρομβώδη, sive *turbinata*.

Anima-

De Animalibus in genere. 53

Animalium Tabula generalis.

Animalia sunt vel
- *Sanguinea*, eáque vel
  - *Pulmone respirantia*, corde ventriculis prædito,
    - *Duobus*,
      - *Vivipara*,
        - *Aquatica*; Cetaceum genus.
        - *Terrestria*, Quadrupedia, vel, ut *Manati* etiam complectamur, pilosa. Animalia hujus generis amphibia terrestribus annumeramus.
      - *Ovipara*, Aves.
    - *Unico*, Quadrupedia vivipara & Serpentes.
  - *Branchiis respirantia*, Pisces sanguinei præter Cetaceos omnes.
- *Exanguia*.
  - *Majora*, quæ vel
    - *Mollia*, Μαλάκια, Polypus, Sepia, Lolligo.
    - *Crustacea*, Μαλακόστρακα, Locusta, Astacus Cancer.
    - *Testacea*, Ὀστρακόδερμα, quæ vel univalvia, vel bivalvia, vel turbinata.
  - *Minora*, Insecta.

E 3 Limaces

La classification dichotomique de John Ray est fondée sur l'anatomie interne. Il fait pourtant intervenir le milieu de vie pour séparer in extremis *cétacés et quadrupèdes vivipares.*

44. RAY (John) : 1628 - 1705.

Synopsis methodica animalium quadrupedum, ... — Londres, S. Smith & B. Walford, 1693. — 8°, 336 p., index.

Edition originale. Les premiers essais de classifications dus à John Ray concernent la botanique et sont inclus dans l'*Essay toward a real character* (1668) du philosophe John Wilkins, l'un des fondateurs de la *Royal Society*. Mais John Ray n'était pas du tout satisfait d'une classification dont les subdivisions lui avaient été imposées d'avance : il aspirait plutôt à « suivre l'ordre de la nature ». C'est ce qu'il tente de faire dans ce travail de réflexion et de classification, son premier ouvrage de zoologie entièrement personnel.

Dans un essai préliminaire, il développe en effet certains points de zoologie comme le problème de la génération ou la classification. Il propose un système de classification entièrement nouveau, dichotomique et fondé sur l'anatomie interne, qu'il récapitule sous forme d'un tableau. Ensuite, Ray décrit les animaux selon l'ordre de sa classification, en éliminant le superflu (il renvoie les lecteurs intéressés à Gesner et à Aldrovandi) et en se débarrassant de tous les animaux imaginaires ou même simplement incertains.

Sa classification qui, comme celle d'Aristote, respecte les grands groupes du sens commun servira de modèle à la classification linnéenne. Ce travail sera poursuivi dans le *Synopsis methodica avium & piscium*, publié à titre posthume en 1713.

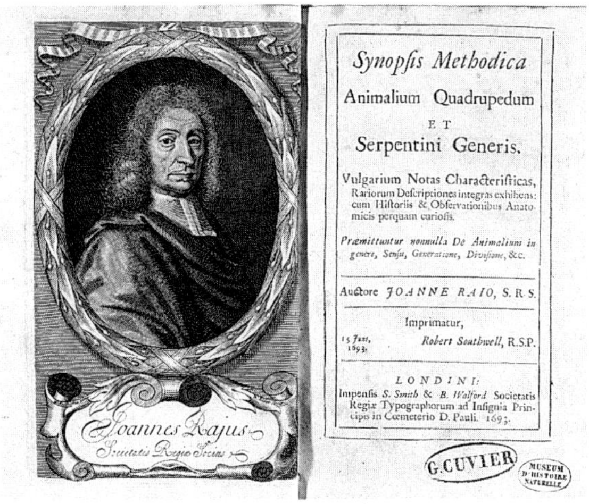

Frontispice et page de titre.

Bibl. : Petit & Théodoridès, p. 317-320 ; Ch. Raven, *John Ray, naturalist* (réédition d'un texte de 1942), Cambridge University Press, 1986, p. 371-387 ; N.C. Gillespie, « Natural history, natural theology and social order : John Ray and the "Newtonian ideology" » , *Journal of the History of Biology*, 1987, 20 : 1-49.

Sujets abordés par les notices

(Les numéros renvoient à ceux des notices.)

Index

(Les numéros renvoient aux pages.)

Bibliographie

En complément des ouvrages indiqués dans les notices, on pourra consulter avec profit les catalogues et ouvrages de synthèse suivants :

1) Catalogues et bibliographies :

BOGAERT-DAMIN A.M. & PIRON J.A. : *Livres d'animaux du XVIe au XXe siècle dans les collections de la bibliothèque universitaire Moretius Plantin*, Namur, 1987.

CHOULANT Ludwig : *Graphische Inkunabeln für Naturgeschichte und Medizin (Geschichte und Bibliographie)*, Hildesheim, 1963.

CARTER J. & HUIR P.H. : *Printing and the mind of man*, Munich, Pressler, 1983.

D'après Nature, chefs-d'œuvres de la peinture naturaliste en Alsace de 1450 à 1800, Strasbourg, Créamuse, 1994.

DION Marie-Pierre : *Dix siècles d'art dans le livre animalier dans les collections de la bibliothèque municipale de Valenciennes*, Valenciennes, Bibliothèque Municipale, 1988.

DIBNER D. : *Heralds of science as represented by two hundred epochal books and pamphlets*, Norwalk, 1955.

HINDMAN Sandra & FARQUHAR James D. : *Pen to press : illustrated manuscripts and printed books in the first century of printing*, University of Maryland, 1977.

The Honeyman collection of scientific books and manuscripts, Londres, Sotheby's, 7 vol. 1978-1981.

KLEBS A.C. : *Incunabula scientifica et medica*, Bruges, 1938.

MORTIMER Ruth : *Harvard College Library, Department of printing and graphic arts, Catalogue of books and manuscripts*,

Part I : *French 16th century books*, Cambridge, Mass., Belknap Press, 1964.

Part II : *Italian 16th century books*, Cambridge, Mass., Belknap Press, 1974.

NISSEN Clauss : *Die zoologische Buchillustration : ihre Bibliographie und Geschichte*, Stuttgart, Hiersemann, 1971.

SARTON G. : *The scientific litterature transmitted through the incunabula*, Bruges, 1938.

STILLWELL Margaret Bingham : *The awakening interest in science during the first century of printing ; 1450-1550, an annotated checklist of first editions viewed from the angle of their subject content*, New York, The Bibliographical Society of America, 1970.

2) Ouvrages généraux :

BAÜMER, *Zoologie der Renaissancxe - Renaissance der Zoologie* (*Geschite der Biologie*, Band 2), Francfort sur le Main, 1991.

DELAUNAY Paul : *La zoologie au XVIe siècle*, Paris, Hermann, 1962.

EISENSTEIN Elizabeth : *The printing press as an agent of change*, Cambridge, Cambridge University Press, 1979.

FORD Brian J. : *Images of science, a history of scientific illustration*, Londres, the British Library, 1992.

GILLISPIE C.C. : *Dictionary of scientific biography*, 14 vol., New York, 1970-1976.

Histoire de l'édition française, sous la dir. générale de Henri-Jean MARTIN & Roger CHARTIER, tome 1 : *Le livre conquérant*, Paris, Promodis, 1982.

Histoire générale des sciences, sous la dir. de René TATON, Paris, PUF, 1957.

IVINS William M. Jr. : *Prints and visual communication*, Cambridge Mass., 1953 (sur la botanique).

KNIGHT David : *Zoological illustration, an essay towards a history of printed zoological pictures*, Folkestone, Dawson, 1977.

KOLB Katharina : *Les* libri de piscibus *de Guillaume Rondelet et ses contemporains*, Paris, Edition des cendres, 1995.

Mise en page et mise en texte du livre manuscrit, sous la dir. de Henri-Jean MARTIN & Jean VEZIN, Paris, Promodis, 1990.

PETIT G. et THEODORIDES J. : *Histoire de la zoologie, des origines à Linné*, Paris, Hermann, 1962.

SARTON George : *The appreciation of ancient and medieval science during the Renaissance (1450-1600)*, Philadelphie, University of Pennsylvania Press, 1953.

Table des matières

Crédits photographiques

Bibliothèque centrale du Museum d'histoire naturelle : p. 21, 26, 27, 29, 55, 58, 66, 67, 72, 73, 78, 79, 82, 83, 84, 85, 86, 88, 89, 92, 93, 94, 95, 99, 108, 109, 115, 116, 117, 118, 119, 122, 124, 125, 126, 128, 129, 130, 131, 132, 133, 134, 135, 137, et encart couleur planches II (droite), III et IV (haut).

Bibliothèque nationale universitaire de Strasbourg : cliché couverture et p. 55 et 75.

Bibliothèque municipale de Tours : encart couleur, planche IV (bas).

Jean-Loup Charmet : p. 17, 28, 40, 48, 50, 52, 56, 57, 59, 60, 62, 63, 68, 69, 70, 71, 76, 77, 90, 96, 97, 100, 101, 103, 104, 105, 106, 107, 112, 123, 136 et encart couleur planches I, II (gauche), IV (haut).

PREMIER VOLUME DE LA COLLECTION
***CORPUS ICONOGRAPHIQUE DE L'HISTOIRE DU LIVRE* :**

Livres d'emblèmes et de devises, une anthologie (1531-1735)
par Jean-Marc Chatelain